Bibliografische Information der Deutschen Nationalbibliothek:

Die Deutsche Bibliothek verzeichnet diese Publikation in der Deutschen National-
bibliografie; detaillierte bibliografische Daten sind im Internet über http://dnb.d-
nb.de/ abrufbar.

Impressum:

Copyright © 2018 GRIN Verlag
Druck und Bindung: Books on Demand GmbH, Norderstedt Germany
ISBN: 9783668702752

Dieses Buch bei GRIN:

https://www.grin.com/document/425062

Lorenz Hartl

Die Integration der Photovoltaik in das erneuerbare Energiesystem in Österreich

Universität für Bodenkultur Wien
University of Natural Resources
and Applied Life Sciences, Vienna

Die Integration der Photovoltaik in das erneuerbare Energiesystem in Österreich

Bachelorseminararbeit

Von Lorenz HARTL

Wien, 2018

Zusammenfassung

Schlagworte: Photovoltaik, erneuerbares Energiesystem, Stromerzeugungsmix, Unterstützungssysteme

Die vorliegende Bachelorseminararbeit soll die Bedeutung des Energieträgers Photovoltaik aufzeigen und geht der Frage nach, wie dieser bestmöglich ins erneuerbare Energiesystem in Österreich integriert werden kann und welche gesetzlichen Änderungen für eine solche Integration notwendig sind. Der Grund für diese Untersuchung ist der geringe Mengenanteil von 1,88 % am Gesamtstromaufkommen, den die Photovoltaik aktuell am österreichischen Stromerzeugungsmix aufweist. Es wurde daher analysiert, welche Unterstützungssysteme für die Photovoltaik am geeignetsten sind; welche Anreize gesetzt werden können, um mehr Zubau von Photovoltaikanlagen zu erreichen; welchen Beitrag die Photovoltaik im Hinblick auf eine komplette erneuerbare Stromversorgung leisten kann und welche Veränderungen durch eine erfolgreiche Integration entstehen können. Hierfür wurde zum einen eine Erhebung aus wissenschaftlichen Studien und behördlichen Dokumenten vollzogen und zum anderen empirische Experteninterviews durchgeführt. Anschließend wurden die daraus gewonnen Erkenntnisse zusammengeführt und diskutiert und schließlich Schlussfolgerungen abgeleitet, die zu einem höheren Photovoltaikanteil in Österreich führen können.

Summary

Keywords: photovoltaics, renewable energy system, electricity generation mix, support systems

This bachelor thesis aims to demonstrate the importance of photovoltaics as an energy source and to examine the question of how it could best be integrated into the renewable energy system in Austria and what legal changes would be necessary for such an integration. The reason for this study is the low proportion of 1.88 % of the total electricity generated by photovoltaics, which is currently present in the Austrian electricity generation mix. Therefore, analyses proved which support systems are most suitable for photovoltaics; what incentives can be used to increase the expansion of photovoltaic systems; what contribution photovoltaics can make to a completely renewable power supply and what changes can be made through successful integration. To this end, a survey from scientific studies and official documents on the one hand, and empirical interviews with experts on the other was conducted. Subsequently, the knowledge gained from this study was brought together and discussed, and conclusions that could lead to an increase in the proportion of photovoltaics in Austria were finally drawn.

Inhaltsverzeichnis

1. EINLEITUNG

Die weltweite Energiepolitik ist einem Paradigmenwechsel unterzogen. Ein Umdenken weg von knapper werdenden, stark risikoreichen und klimaschädlichen konventionellen Energieträgern hin zu regenerativen und sauberen Energieformen, findet besonders seit der Jahrtausendwende immer vermehrter statt (Kronberger, 2012). Jedoch ist der fortschreitende Ausbau der erneuerbaren Energien in den meisten Ländern der Welt immer noch von staatlich festgelegten Fördermaßnahmen abhängig, um eine Konkurrenzfähigkeit zu den konventionellen Energieträgern erreichen zu können. Grund dafür sind die einerseits noch immer bestehende Subventionierung fossiler Energien und andererseits die erhöhten Kosten neuer und noch nicht an den Markt angepasster Technologien. Wie effizient Fördergelder für erneuerbare Energieformen schließlich eingesetzt werden, hängt stark vom gesetzlich festgelegten Unterstützungssystem des jeweiligen Landes ab, das die Förderung vergibt (Batlle et al., 2011) (IEA, 2012). Hier wird zwischen verschiedenen Systemen differenziert, wobei sich die Frage stellt, welches System beziehungsweise welche Kombination aus Systemen die sinnvollste Variante ist, um einen möglichst hohen Ausbau des geförderten Energieträgers zu erreichen (Häder, 2014).

Die vorliegende Arbeit beschäftigt sich im Spezifischen mit der Photovoltaik (PV) in Österreich, also der Umwandlung von Sonnenlicht als Strahlungsenergie zu elektrischem Strom. Das übergeordnete Ziel ist die Untersuchung, wie diese bestmöglich ins erneuerbare Energiesystem integrierbar gemacht werden kann und welche gesetzlichen Änderungen hierfür vorgenommen werden müssen, um dieses Ziel zu erreichen.

Die zentrale Forschungsfrage lautet daher:

Wie lässt sich die Photovoltaik in Österreich ins erneuerbare Energiesystem integrieren und welche Eckpunkte müssen hierfür in einer großen Ökostromnovelle enthalten sein?

Grund für diese Untersuchung ist die aktuelle Situation am österreichischen Gesamtstromaufkommen. Der Photovoltaik-Stromanteil lag hier 2016 bei 1,88 %, was verglichen zu anderen Ländern im Größenverhältnis wenig ist. Auch im Vergleich zu anderen erneuerbaren Energieträgern in Österreich, wie Wind oder Wasserkraft, ist die Photovoltaik mit einem Anteil von 1 % sehr gering aufgestellt, wenn man die hohen Potentiale betrachtet, die durch Nutzung der Sonnenstrahlung entstehen können (Oesterreichs-Energie, 2017) (PV-Austria, 2017a).

Nachdem Anfang Juli 2017 vom österreichischen Nationalrat und Bundesrat die sogenannte "kleine Ökostromnovelle" beschlossen wurde, stellte sich dann die Frage, wie sich dieser Beschluss im Konkreten auf die einzelnen Energieträger auswirkt. So entstanden aus der Sicht des österreichischen Photovoltaik-Markts einige positive Veränderungen, die von vielen Experten bei dem bisher gültigen Ökostromgesetz von 2012 vermisst wurden. Jedoch wurden viele zentrale Punkte eines möglichen zukünftigen Fördersystems, welche eine effizientere Marktintegration ermöglichen hätten können, von Beginn an weggelassen. Dies soll explizit durch eine „große Ökostromnovelle" erreicht werden (E-Control, 2017b). Wann und ob diese „große Ökostromnovelle" überhaupt umgesetzt werden wird, lässt sich aufgrund des Machtwechsels in Österreichs Politik noch nicht vorhersagen.

Das erste auf diese Einleitung folgende Kapitel der vorliegenden Arbeit beschreibt zu Beginn, wie das Forschungsdesign aufgeteilt ist und welche Methodik zur Recherche herangezogen wurde. Ab Kapitel 2.1. wird mit der Präsentation des eigentlichen Inhalts begonnen. Damit wird bis zum Kapitel 2.5. fortgefahren. Zu Beginn wird den Lesern allgemeines Wissen rund um die Photovoltaik nähergebracht und daraufhin die Markt- und Preisentwicklung der PV in Österreich aufgezeigt. Folgend werden im Kapitel 2.2. die wichtigsten Ökostromfördermodelle für Solarstromanlagen erklärt. Das Kapitel 2.3. widmet sich der historischen Entwicklung und dem aktuellen Status des österreichischen PV-Stroms und seiner Förderung und im Anschluss daran werden die Änderungen, die sich durch die kleine Ökostromnovelle ergeben haben, präsentiert. Abschließend wird in Kapitel 2.5. noch auf die Photovoltaik und ihre Entwicklung in Deutschland eingegangen. Im dritten Kapitel dieser Arbeit werden die empirischen Ergebnisse aus den Experteninterviews präsentiert. Das Wissen, das in Kapitel 2 und 3 gesammelt wurde, wird im anschließenden Kapitel 4 gegenübergestellt, diskutiert und durch weitere Quellen ergänzt, sodass dadurch eine Beantwortung der Forschungsfrage ermöglicht wird. Abschließend widmet sich Kapitel 5 der Schlussfolgerung und einer Handlungsempfehlung.

2. MATERIAL UND METHODIK

Das Forschungsdesign der Arbeit ist auf zwei wesentliche Bereiche aufgeteilt. Für den ersten Teil wurde eine umfassende literarische Recherche durchgeführt, um notwendiges Wissen rund um die Photovoltaik, ihre Geschichte und ihre Fördersituation in Österreich (aber auch Deutschland) zu erlangen. Hierfür wurden hauptsächlich Literaturdatenbanken, wie „Science Direct" und „SpringerLink" sowie vertrauenswürdige Internetquellen herangezogen. Es wurde sowohl heuristisch, durch das sogenannte „Schneeballsystem", als auch systematisch mittels der „Top down Methode" recherchiert. Durch deskriptive Datenanalysen wurden wichtige Zahlen und Fakten zur österreichischen (und deutschen) Markt- und Preisentwicklung der Photovoltaik durchgeführt. Verdeutlicht wurden diese Daten durch übernommene oder aus mehreren Quellen zusammengeführte Grafiken.

Für den zweiten Teil der Arbeit wurden acht Experteninterviews mit jeweils acht gleichen Fragen durchgeführt. Es wurde versucht, Experten verschiedenster Interessensgruppen aus der Energie- und Photovoltaikbranche auszuwählen, um daraus ein möglichst umfassendes Meinungsbild zu dem Thema zu erhalten.

Folgende acht Fragen wurden den Experten gestellt:

1. Wie ist aus Ihrer Sicht der Stand der aktuellen Entwicklungen im Hinblick auf die Photovoltaik und ihre Möglichkeiten?
2. Was wünschen Sie sich für das Ökostromgesetz (ÖSG) und welche Eckpunkte müssen darin verankert sein, um die Photovoltaik besser ins erneuerbare Energiesystem integrieren zu können?
3. Soll im ÖSG ein Mindestausbauziel bzw. ein jährliches Ausbauvolumen für Photovoltaik enthalten sein?
4. Was halten Sie von mengenorientierten Fördersystemen, wie Ausschreibungen oder Quoten?
5. Was muss im ÖSG verankert sein, damit PV-Anlagenbetreiber einen Anreiz haben aktiv an der Netzstabilität mitzuwirken?
6. Was halten Sie von steuerlichen Begünstigungen bzw. Sonderabschreibungen für PV-Anlagen?
7. In welchen Bereichen wäre es möglich bürokratische Hürden und Auflagen zu reduzieren, um dadurch sowohl mehr Effizienz in der Abwicklung, als auch Klarheit bei den Anlagenbetreibern zu schaffen?
8. Sind Sie, ganz grundsätzlich betrachtet, für eine Änderung des Gesamtenergiesystems (z.B. CO_2 Steuer) oder sind Sie für die Beibehaltung und Optimierung unseres jetzigen Systems?

Die qualitative Auswertung der Interviews erfolgte durch eine Paraphrasierung der erhaltenen Antworten, also einer sachlichen Wiederholung des Inhalts mit eigenen Worten des Autors. Es wurde zu jeder Frage eine Tabelle erstellt und die Antworten der acht verschiedenen Experten gegenübergestellt und damit vergleichbar gemacht. Die vollständigen Interviews befinden sich im Anhang dieser Arbeit.

Anschließend wurden der Inhalt der literarischen Recherche und die Paraphrasen aus den Experteninterviews zusammengeführt und kritisch diskutiert. Ziel war Erkenntnisse auszuarbeiten, die zur Beantwortung der Forschungsfrage dienen sollten, um am Ende der Arbeit eine logisch begründete Handlungsempfehlung abzugeben, wie die Photovoltaik bestmöglich ins erneuerbare Energiesystem integriert werden kann und wie so eine Integration in einer großen Ökostromnovelle aussehen sollte.

Aus Gründen der leichteren Lesbarkeit wird in der vorliegenden Bachelorseminararbeit die männliche Sprachform bei personenbezogenen Substantiven und Pronomen verwendet. Dies impliziert jedoch keine Benachteiligung des weiblichen Geschlechts, sondern soll im Sinne der sprachlichen Vereinfachung als geschlechtsneutral zu verstehen sein.

2.1. Allgemeines zur Photovoltaik und ihre Entwicklung in Österreich

Der Begriff Photovoltaik bezeichnet die direkte Umwandlung von Sonnenlicht als Strahlungsenergie in elektrische Energie. Dies geschieht mittels der Solarzelle, einem elektrischen Bauelement, welches durch den physikalischen Prozess des „Photovoltaischen Effekts" über Halbleitermaterialen die Energieumwandlung ermöglicht. In Solarmodulen werden die einzelnen Zellen dann in der Regel in Serie geschalten, um die Ausgangsspannung des Moduls zu erhöhen. Der daraus gewonnene Gleichstrom wird mit einem Wechselrichter in Wechselstrom umgeformt.

Das am häufigsten eingesetzte Halbleitermaterial für die Photovoltaik-Solarzellenproduktion stellt kristallines Silizium dar. Etwa 85 % der derweil erbauten Photovoltaikanlagen basieren auf diesem Material. Ein großer Vorteil der Solarzelle ist, dass die vollständige Energieumwandlung völlig kostenlos abläuft, also dafür keine zusätzliche Energie erbracht werden muss. Zudem beruht ein Großteil ihrer Produktion auf Quarzsand, einem beinahe unbegrenzten in der Erde vorkommenden Material. Ihre Wartungskosten sind außerdem sehr gering bis nicht vorhanden und ihre Lebensdauer ist so hoch, dass von Herstellern Leistungsgarantien von 20 – 25 Jahren für einen maximalen Leistungsabfall von 20 % angeboten werden können (Wesseleak et al., 2013) (Wirth, 2018). Die Wirkungsgrade von kristallinen Solarzellen, also der prozentuelle Anteil der zur Verfügung stehenden Energie, der in Strom umgewandelt werden kann, liegt bei 14 – 22 % (Beste, 2016).

Stromerzeugung durch Photovoltaik gilt als eine der umweltfreundlichsten Technologien im Bereich der Stromproduktion und leistet heute einen wesentlichen und stetig wachsenden Beitrag zur Energieversorgung auf der ganzen Welt. Durch ständige technische Weiterentwicklungen im Bereich der Zell- und Modulfertigung, hat sich der Einsatz in den letzten dreißig Jahren von kleinen, netzautarken Anwendungen, wie der Energieversorgung von Satelliten oder elektrischen Kleinverbrauchern, hin zu netzgekoppelten Großanlagen im MW-Bereich verlagert (Wesseleak et al., 2013) (Wilk, 1999). So wurde im Januar 2017 das bisher leistungsstärkste Photovoltaikkraftwerk mit mehr als 850 MW$_{peak}$ in China errichtet, durch welches alleine über 200.000 Haushalte mit Strom versorgt werden können (Phillips, 2017). Folgende Grafik zeigt wie sich der weltweite Photovoltaikzubau in den Jahren 2000-2015 entwickelt hat.

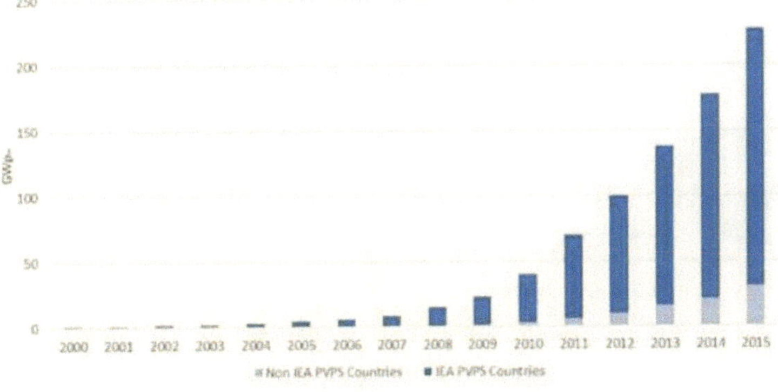

Abb. 1 Weltweiter Photovoltaikzubau seit dem Jahr 2000 (übernommen aus: Fechner et al., 2016).

2.1.1. Marktentwicklung der Photovoltaik in Österreich

Der Stromverbrauch in Österreich lag im Jahr 2015 bei 61 TWh. Verglichen mit dem Jahr 1990 (42,3 TWh), ist dieser um 44 % gestiegen. Der Photovoltaik-Stromanteil am Gesamtstromaufkommen lag Ende 2016 bei 1,88 % mit einer kumulierten Leistung von 1.096 MW$_p$ (netzgekoppelte und autarke Anlagen). Im Stromerzeugungsmix aus Erneuerbaren im Jahr 2016 (siehe Abb. 1) liegt die Photovoltaik bei ca. 1 %. Der erneuerbare Anteil liegt in Österreich bei 71 % am Gesamtstromanteil und bei 33 % am Gesamtenergieanteil (E-Control, 2017b) (Oesterreichs-Energie, 2017) (PV-Austria, 2017a).

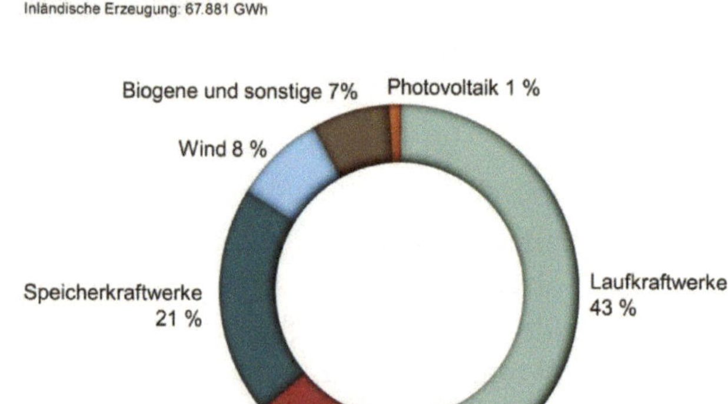

Abb. 2 Stromerzeugungsmix der Erneuerbaren in Österreich 2016 (übernommen aus: Oesterreichs-Energie, 2017).

Der österreichische Photovoltaik-Markt hat sich in Österreich in den letzten Jahren, mit einer Ausnahme eines Rekordwertes im Jahr 2013, auf ein relativ kontinuierliches Niveau, zwischen 150 und 160 MW$_p$ an Anlagenzubau pro Jahr, eingestellt. So konnte 2016 im Vergleich zum Vorjahr nur ein geringfügiger Zuwachs von 2,6 % (155,8 MW$_p$) festgestellt werden. Das entspricht in etwa 12000 neu installierten PV-Anlagen. Die im ÖSG 2012 festgelegten Ausbauziele von 200 MW$_p$/Jahr konnten, bis auf 2013, jedenfalls noch nie erreicht werden. Die Installationsart dieser Anlagen setzt sich aus 93,9 % Dachmontagen; 4,3 % Freiflächenanlagen und 1,8 % sonstigen Installationen zusammen (Biermayr et al., 2017) (ÖSG 2012, 2012).

Folgende Grafik zeigt die soeben präsentierten Daten nochmal übersichtlich dargestellt:

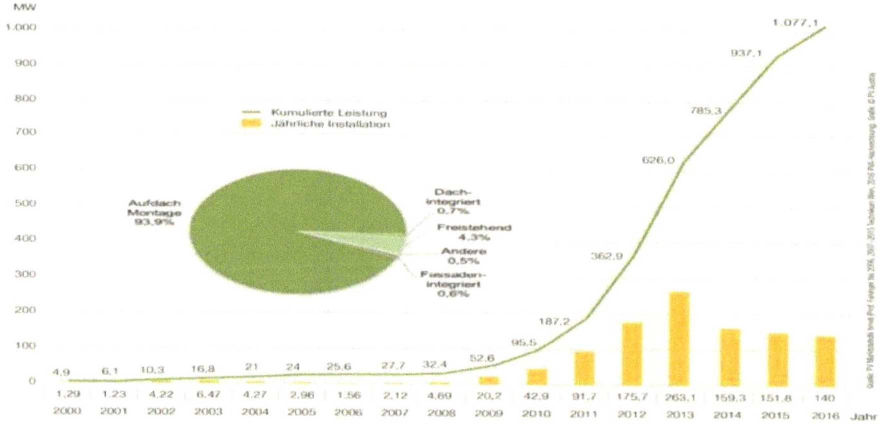

Abb. 3 Jährlicher PV-Anlagen Ausbau, kumulierte Gesamtleistung und Installationsart im Jahr 2016 in Österreich (verändert nach: PV-Austria, 2016 und Biermayr et al., 2015).

2.1.2. Preisentwicklung der Photovoltaik in Österreich

So wie sich auch der Markt entwickelt hat, sind auch die Preise der Photovoltaik in den letzten zehn Jahren deutlich gesunken. So kostete eine durchschnittliche 5 kW$_p$ PV-Anlage im Jahr 2008 noch 5.138 €/kW$_p$ und im Jahr 2015 nur mehr 1.658 €/kW$_p$. Das entspricht einer Preisreduktion von 68 % innerhalb von 7 Jahren! Grund dafür sind vor allem die immer billiger werdenden Modulkosten (bei gleichzeitiger Erhöhung der Wirkungsgrade), die einen großen Teil der Investitionskosten ausmachen (Fechner et al, 2016). Folgende Abbildung verdeutlicht diese Preisreduktion sowie den Modulkostenanteil sehr deutlich.

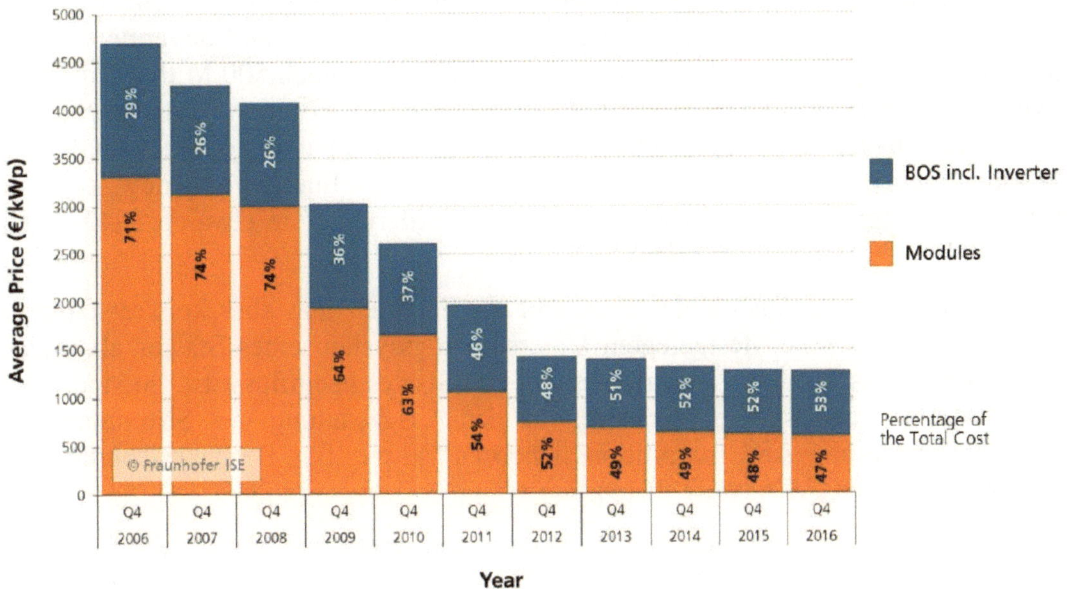

Abb. 4 Durchschnittlicher Endkundenpreis + Modulkosten + BOS (balance-of-system) für 10 - 100 kW$_p$ Anlagen in Deutschland von den Jahren 2006 - 2016 (übernommen aus: Wirth, 2018).

2.1.3. Stromgestehungskosten von PV-Anlagen

Die Stromgestehungskosten einer PV-Anlage beschreiben das auf ihre wirtschaftliche Nutzungsdauer bezogene Verhältnis aus Gesamtkosten (€ od. Ct) und elektrischer Energieproduktion in kWh. Die Höhe der Stromgestehungskosten setzt sich aus folgenden Faktoren zusammen (Wirth, 2018):

- Anschaffungsinvestitionen für den Bau und die Installation der Anlage. Diese machen den verhältnismäßig größten Anteil bei PV-Anlagen aus, können jedoch durch technologische Fortschritte ständig reduziert werden (siehe oben Abb. 4).
- Finanzierungsbedingungen (Eigenkapitalrendite, Zinsen, Laufzeiten)
- Betriebskosten während der Nutzungszeit, die bei PV-Anlagen mit 1 % der Investitionskosten den weitaus günstigsten Teil ausmachen (Versicherung, Wartung, Reparatur)
- Einstrahlungsgebot
- Lebensdauer und jährliche Degradation der Anlage

Stromgestehungskosten sind ein Instrument, welches ermöglicht, verschiedene Energieträger miteinander vergleichbar zu machen. Neue und größere PV-Anlagen in Deutschland weisen teilweise aktuell Stromgestehungskosten um 5 ct/kWh aus. Eine 2015 erschienene Studie der VGB PowerTech e. V. spricht von Gestehungskosten für Freiflächenanlagen zwischen 3,5 ct/kWh bis 18 ct/kWh. Diese große Schwankung ist aufgrund unterschiedlicher Kapitalkosten, Investitionskosten und Lohnkosten in den verschiedenen Ländern und außerdem von der jeweiligen spezifischen Einstrahlung der Anlage, erklärbar (VGB PowerTech e.V., s.a.) (Wirth, 2018).

2.2.   Förderung der erneuerbaren Stromerzeugung

Die Förderung von erneuerbaren Energien ist momentan noch ein wichtiger politischer Mechanismus, um Konkurrenzfähigkeit mit konventionellen Energieträgern zu erreichen. Das hat vor allem zwei Gründe: Einerseits sind viele Technologien im Bereich der erneuerbaren Energien neu und noch nicht marktreif. Andererseits werden konventionelle und nukleare Energieträger nach wie vor von Staaten subventioniert, obwohl die Tendenz sinkend ist. So wurden im Jahr 2016 weltweit nur mehr 325 Milliarden USD an Subventionen in den Verbrauch fossiler Energien gesteckt, wohingegen im Jahr 2015 noch 500 Milliarden USD an Budget verfügbar gemacht wurden. Jedenfalls sind bestimmte Fördersysteme, um zu einer Erhöhung des Anteils an erneuerbarer Energie beizutragen, momentan noch notwendig. Laut des „World Energy Outlooks 2016" der International Energy Agency soll eine konkurrenzfähige Abgrenzung der Erneuerbaren ohne Förderungen in etwa ab 2040 möglich sein (Batlle et al., 2011) (IEA, 2012) (IEA, 2016).

Wie die Fördermittel zum Ausbau der erneuerbaren Energien nun aber konkret eingesetzt werden, hängt vom gesetzlich festgelegten Unterstützungssystem eines Staates ab, welches wiederum von der wirtschaftlichen Ausrichtung dieses Staates beeinflusst ist. So sind für den Ausbau der Erneuerbaren stabile Strukturen in der Ausgestaltung des Strommarkts, im Umfeld für Finanzierung und Investitionssicherheit sowie für Betriebssicherheit, von besonderer Bedeutung (IG Windkraft, 2015).

Ganz grundsätzlich wird zwischen preisbasierten und mengenbasierten Fördersystemen unterschieden. Bei preisbasierten Modellen setzt die Regierung einen Preis fest und die entsprechende Menge entwickelt sich in Abhängigkeit von der jeweiligen Kosten-Potential-Kurve. Die Kurve beschreibt, welche Strommengen aus einer bestimmten erneuerbaren Energie zu welchen Erzeugungskosten zur Verfügung gestellt werden können. Im Gegensatz zu den preisbasierten Modellen wird bei mengenbasierten Unterstützungsinstrumenten die Menge vorherbestimmt und der Preis entwickelt sich entsprechend zu den bestehenden Ressourcenverhältnissen und den vorherrschenden Technologiekosten (Held et al., 2014) (Pieper, s.a.).

In der Praxis ist es mittlerweile jedoch eher unüblich geworden, dass Länder nur einzelne solcher Unterstützungsinstrumente anwenden. In der Regel werden Kombinationen der verschiedenen Fördermaßnahmen verwendet, um das vorhandene Förderbudget möglichst effektiv einsetzen zu können und um so einen möglichst hohen Ausbaugrad zu erreichen (Ragwitz et al., 2006). In Österreich werden aus diesem Grund neben dem bestehenden preisbasierten Modell der Einspeisevergütung, welches in Folge genauer erläutert werden wird, auch Investitionsförderungen als ergänzendes Unterstützungsinstrument vergeben. Diese sollen als zusätzlicher Anreiz dienen, um potenzielle Anlagenbetreiber zum Bau einer PV-Anlage zu bewegen. Investitionsförderungen können entweder an der Erzeugungsleistung oder an den gesamten Investitionskosten einer Anlage orientiert sein (Held et al., 2014) (PV-Austria, 2017b).

2.3. Die Einspeisevergütung und die Photovoltaikförderung in Österreich

In diesem Kapitel wird zuerst das primäre und in Österreich vorherrschende Fördersystem der Einspeisevergütung im Allgemeinen präsentiert und aufbauend darauf konkret auf die österreichische Photovoltaikförderung eingegangen.

2.3.1. Einspeisevergütung (FIT)

Bei dem monetären Fördermechanismus der Einspeisevergütung (engl. „Feed-in-tariffs") erhalten Ökostromerzeuger, während einer bestimmten festgelegten Laufzeit, einen festgelegten Preis und eine Abnahmegarantie für den von ihnen erzeugten Strom. Dieser festgelegte Preis, der Einspeisetarif, wird pro Mengeneinheit angegeben (z.B. €/kWh) und ist in der Regel immer höher als der momentane Marktpreis des Stroms, wodurch auch der Anreiz dieses Fördersystems entstehen soll. Die auf diese Weise generierte Rendite, also die Differenz zwischen momentanen Marktpreis der erzeugten Menge an Strom und des höheren Einspeisetarifs für die gleiche Menge, soll Ökostromerzeugern einerseits eine Abdeckung der eigenen Produktionskosten und andererseits eine Verzinsung des eingesetzten Kapitals ermöglichen. Die garantierte Abnahme erfolgt entweder durch ein Energieversorgungsunternehmen oder über eine zu diesem Zweck eingerichtete Institution, wie das in Österreich durch die Ökostromabwicklungsstelle (OeMAG) der Fall ist. Weltweit gesehen gehören Einspeisevergütungen zu den am häufigsten angewandten Fördermechanismen. In der Europäischen Union sind es in etwa 93 % der Mitgliedsstaaten, die das Fördermodell der Einspeisevergütung oder eine Kombination mit diesem, in Verwendung haben. Bekannte Vertreter sind zum Beispiel Österreich, Deutschland, Portugal und Frankreich (Fouquet und Johansson, 2008) (IG Windkraft, 2015) (López und Müller-Pelzer, 2008).

2.3.2. Die österreichische Photovoltaikförderung auf Bundesebene

Ergänzend zum soeben präsentierten Fördermechanismus der Einspeisevergütung werden in Österreich zusätzlich auch Investitionszuschüsse vergeben. Es gibt zwei unterschiedliche bundesweite Förderabwicklungsstellen für Ökostrom (PV-Austria, 2017b):

- Den Klima- und Energiefonds Österreich (KLIEN)
- Die staatliche Abwicklungsstelle für Ökostrom (OeMAG)

Der Klima- und Energiefonds Österreich (KLIEN)

Der Klima- und Energiefonds wurde 2007 ins Leben gerufen und fördert den Ausbau und die Entwicklung von regenerativen Energien. Beaufsichtigt wird dieser vom Bundesministerium für Umweltschutz sowie vom Bundesministerium für Infrastruktur zugleich. Die Förderart erfolgt in Form von Investitionszuschüssen und seit der Gründung wurden mehr als 90.000 Projekte unterstützt. Besondere Bedeutung kommt dem KLIEN bei der Förderung von PV-Anlagen zu. Die Förderbeträge werden nach der Engpassleistung in kW$_p$ ausbezahlt, wobei die Beträge abhängig von Größe und Art der Anlage sind (Stromliste, 2017). So betrug das Budgetvolumen für PV-Anlagen bis maximal 5 kW$_p$, im Jahr 2017, 8 Mio. Euro. Für Photovoltaikanlagen zwischen 5 kW$_p$ bis maximal 30 kW$_p$ in der Land- und Forstwirtschaft betrug das das Förderbudget 5,95 Mio. Euro, wovon jedoch nur 3 Mio. aus Mitteln des Klima- und Energiefonds stammen und die Restlichen 2,95 Mio. Euro aus Mitteln des EU-Programms ELER (KLIEN, 2017) (PV-Austria, 2017b).

Die staatliche Abwicklungsstelle für Ökostrom (OeMAG)

Durch die 2006 eingerichtete staatliche Abwicklungsstelle für Ökostrom (OeMAG) wird die Gesetzeskonformität der Anträge für neue Ökostromanlagen geprüft und ebenfalls kontrolliert, ob ausreichend Förderkontingent für neue Anträge verfügbar ist (E-Control, s.a.). Als Fördermittel wird hauptsächlich die Ökostrom-Tarifförderung vergeben, welche im bundesweit gültigen Ökostromgesetz geregelt ist. Bei der Photovoltaik gilt diese Förderung für alle Anlagen, die größer als 5 kW$_p$ sind. Der Fördertarif wird für den in das Stromnetz eingespeisten Strom gewährt. Produzierter Strom, der selbst verbraucht wird, wird nicht ausbezahlt (Danie, 2017b). Nach der Einspeisung des geförderten Stroms ins Netz, wird dieser über die OeMAG zum Marktpreis anteilig an die Stromhändler verkauft. Wie viel Ökostrom ein Stromhändler letztendlich zugewiesen bekommt, hängt davon ab, wie viel Strom er an seine Endverbraucher liefert, also wie viel Marktanteil er hat. Die wesentliche Finanzierung der OeMAG-Förderung erfolgt seit Juli 2012 einerseits durch die Endverbraucher, die die Ökostrompauschale und den Ökostromförderbeitrag zahlen müssen und andererseits durch die Stromhändler, die die Kosten für Strom- und Herkunftsnachweise an die OeMAG abführen müssen (E-Control, s.a.).

Folgende Grafik stellt den Aufbringungsmechanismus mit allen Beteiligten rund um die OeMAG-Förderung vereinfacht dar:

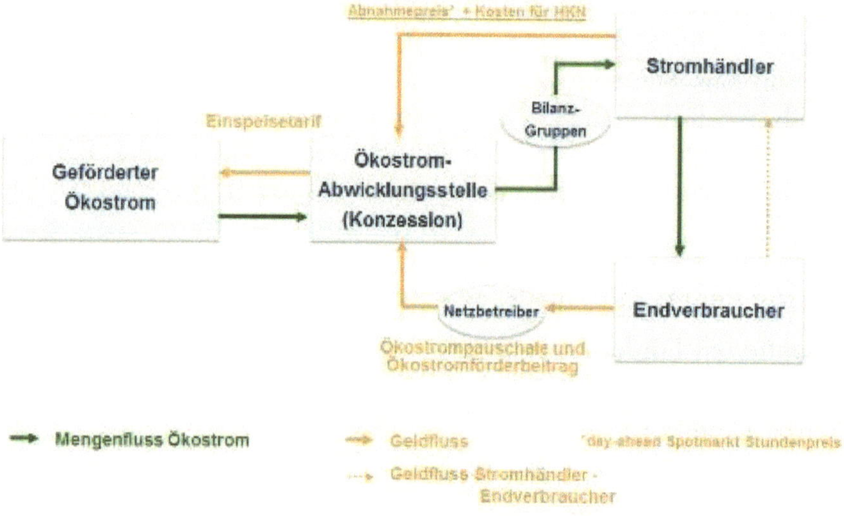

Abb. 5 Vereinfachter Aufbringungsmechanismus der OeMAG Ökostromförderung nach ÖSG 2012 (übernommen aus: E-Control, s.a.).

Die Höhe der Einspeisetarife für Ökostromerzeuger variiert jeweils in Bezug auf die verschiedenen geförderten erneuerbaren Technologien, denen sie zustehen. Sie wird jährlich per Verordnung durch das Bundeswirtschaftsministerium festgesetzt und gilt nach Vertragsabschluss 13 Jahre. Der Einspeisetarif für Photovoltaik-Anlagen lag im Jahr 2017 bei 7,91 Cent/kWh, für 2018 ist dieselbe Tarifhöhe festgesetzt (IG Windkraft, 2015) (PV-Austria, 2017b).

Das Fördervolumen für die Photovoltaik betrug bis 2017 jährlich 8 Mio. Euro. Seit der Ökostrom-Einspeisetarifverordnung im Jahr 2012 wird zusätzlich zum Einspeisetarif ein einmaliger Investitionszuschuss zur Errichtung der PV-Anlage vergeben. Der Zuschuss beträgt momentan 30 % der Errichtungskosten, jedoch höchstens 250 €/kW$_p$. Um diesen zu erhalten muss eine Rechnung über die für die Errichtung notwendigen Kosten eingereicht werden. Die Inanspruchnahme der OeMAG-Förderung lässt sich jedoch nicht mit anderen Förderoptionen, wie z.B. dem KLIEN, kombinieren (PV-Austria, 2017b).

Abbildung 5 soll die Anzahl der PV-Anlagen verdeutlichen, die in den Jahren 2003 bis 2016 im Vertragsverhältnis mit der OeMAG entstanden sind.

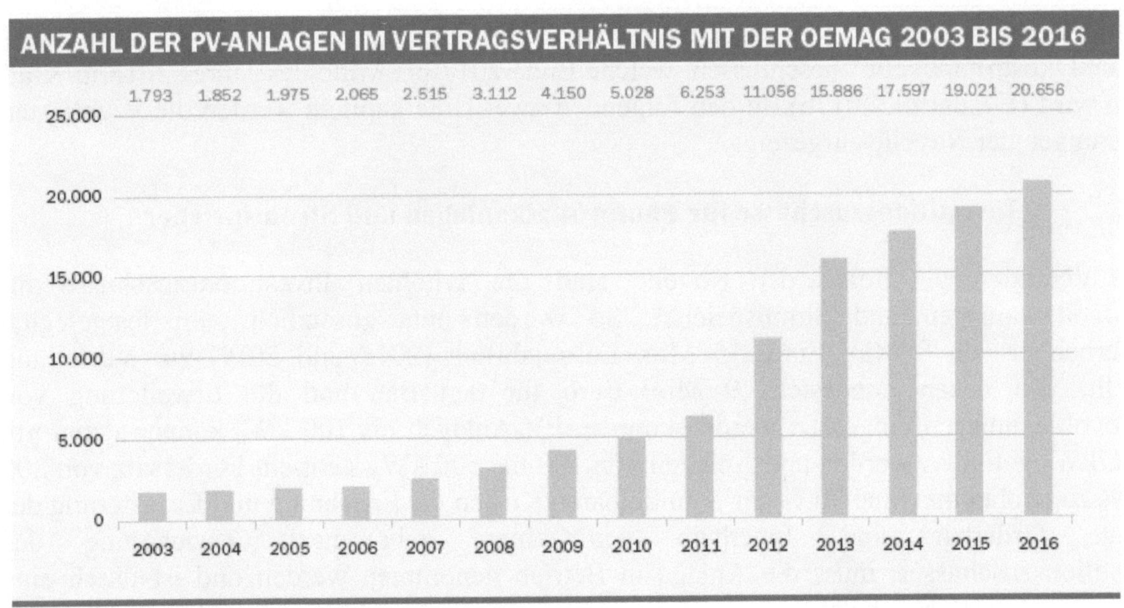

Abb. 6 Anzahl der PV-Anlagen im Vertragsverhältnis mit der OeMAG von 2003 bis 2016 (übernommen aus: E-Control, 2017b).

2.3.3.   Das österreichische Ökostromfördersystem auf Landesebene

Neben den zuvor beschriebenen Ökostromförderungen auf Bundesebene, gibt es daneben noch die länderspezifischen Förderungen. Diese sind von Bundesland zu Bundesland unterschiedlich und werden in der Regel in Form von Investitionszuschüssen vergeben (PV-Austria, 2017b). Die Landesförderungen lassen sich nicht mit der OeMAG-Förderung kombinieren, jedoch aber mit den Investitionszuschüssen des KLIEN. Aufgrund des jeweiligen Umfangs und der laufenden Abänderung dieser, würde eine detaillierte Beschreibung aller länderspezifischen Förderungen den Rahmen der vorliegenden Arbeit sprengen. Stattdessen wird nun nur exemplarisch auf die Fördermöglichkeiten im Bundesland Wien eigegangen.

Wiener Landesförderung

In Wien wird bei der Fördervergabe für Photovoltaikanlagen durch die Landesförderung Wien zwischen privaten und betrieblichen Antragstellern unterschieden. Es werden einmalige Investitionszuschüsse vergeben, die maximal 40 % der förderfähigen Gesamtkosten betragen dürfen.

- Private erhalten für Anlagen bis zu 5 kW_p bzw. auch für die ersten 5 kW_p einer Anlage 275 €/kW_p. Jede darüberhinausgehende Leistung der Anlage wird mit 400 €/kW_p gefördert.

Beim Bau betrieblicher PV-Anlagen in Wien beträgt die Förderung ebenfalls 400 €/kW_p, jedoch werden die ersten 5 kW_p nicht gefördert. Diese ersten 5 kW_p lassen sich jedoch beispielsweise in Kombination mit der Förderung des Klima- und Energiefonds beantragen. Die Förderhöhe beim KLIEN beträgt ebenfalls 275 €/kW_p.

2.4.   Änderungen für die Photovoltaik durch die „kleine Ökostromnovelle"

Anfang Juli 2017 wurde vom österreichischen Nationalrat und Bundesrat die sogenannte "kleine Ökostromnovelle" beschlossen, welche Ende 2017 bis Mitte des Jahres 2018 in Kraft treten wird (E-Control, 2017b). In den folgenden zwei Unterkapiteln werden die wichtigsten Änderungen der Novelle aufgezeigt.

2.4.1.   Investitionszuschüsse für Photovoltaikanlagen und Stromspeicher

Eine Veränderung infolge der Novelle sind die erhöhten Investitionszuschüsse für Photovoltaikanlagen und Stromspeicher. So werden nun, zusätzlich zum festgelegten Förderbudget von 8 Mio. Euro, 15 Mio. Euro jährlich (2018 und 2019) zur Verfügung gestellt, von denen mindestens 9 Mio. Euro für den Bau und die Erweiterung von Photovoltaikanlagen eingesetzt werden können. PV-Anlagen bis 100 kW_p können dabei mit 250 €/kW_p gefördert werden und Anlagen von 100 bis 500 kW_p steht ein Fördersatz von 200 €/kW_p zu, wobei maximal 30 % der unmittelbaren Kosten für Errichtung und Erweiterung der Anlage förderbar sind. Innerhalb von einem Jahr nach Zusicherung des Investitionszuschusses, muss die Anlage in Betrieb genommen werden und ist durch eine Bestätigung des Netzbetreibers nachzuweisen, da die Anlage ans öffentliche Netz anzuschließen ist. Wenn dies nicht innerhalb des einen Jahres plus der sechsmonatigen Nachfrist geschieht, verfällt die Zusicherung des Zuschusses. Des Weiteren sind Photovoltaikanlagen auf Freiflächen, aber ausgenommen Grünflächen, von nun an auch wieder förderfähig (BMWFW, 2017) (E-Control, 2017b).

2.4.2.   Die gemeinschaftliche Erzeugungsanlage

Durch die Novellierung wurde auch das Konzept der „gemeinschaftlichen Erzeugungsanlage" ins Ökostromgesetz integriert. Durch dieses wird Mietern und Eigentümern von Wohnungen in Mehrparteienhäusern, aber auch von Bürogebäuden oder Einkaufszentren, die Möglichkeit geboten, sich zusammenzuschließen, eine Photovoltaikanlage bauen zu lassen und den durch die Anlage produzierten Strom im eigenen Haushalt zu nutzen und überschüssigen Strom ins Netz einzuspeisen. Hierfür sind zumeist keine großen Änderungen auf den Gebäuden vorzunehmen, da bestehende Infrastruktur genutzt werden kann. Somit werden bloß die Anlage selbst und ein geeignetes Messgerät benötigt.

Da jeder Haushalt einen individuellen Stromverbrauch hat und der durch die Anlage erzeugte Strom anteilig zugerechnet wird, ist es notwendig, den Stromverbrauch und auch den erzeugten PV-Strom im Viertelstunden-Intervall zu messen. Die Zuordnung des Stroms an die einzelnen Haushalte geschieht dann über einen Aufteilungsschlüssel, der entweder statisch oder dynamisch sein kann (BMWFW, 2017):

- Statischer Aufteilungsschlüssel: Alle Teilnehmer/innen erhalten den zuvor vereinbarten Anteil an PV-Strom und die ganze überschüssige Energie wird ins Netz eingespeist. Diese Methode erleichtert zwar die Abrechnung und die Vertragsgestaltung, jedoch ist dadurch der Eigenverbrauchsanteil geringer.
- Dynamischer Aufteilungsschlüssel: Der durch die gemeinschaftliche PV-Anlage erzeugte Strom wird bedarfsgerecht nach Stromverbrauch auf die Haushalte aufgeteilt, wodurch der Eigenverbrauchsanteil der Anlage erhöht wird. Jedoch erfordert diese Methode eine komplexere vertragliche Regelung und Abrechnung.

2.5.   Zukünftige Ansätze für die Photovoltaikförderung in Österreich

In diesem Kapitel werden zwei weitere Möglichkeiten vorgestellt, die zukünftig die Finanzierung der Photovoltaik in Österreich verändern und beeinflussen können. Einerseits das preisorientierte Fördersystem der Marktprämien und andererseits das mengenorientierte Ausschreibungsmodell, welches aufgrund der „Umweltbeihilfeleitlinien 2014" der Europäischen Kommission für Kraftwerksprojekte ab einer bestimmten Größe in allen EU-Mitgliedsländern durchgesetzt werden soll (Europäische Kommission, 2014).

2.5.1.   Prämienmodell (FIP)

Bei dem preisorientierten Fördersystem durch Prämien werden Zuschläge auf den aktuell herrschenden Marktpreis bezahlt, den Ökostromerzeuger für die Netzeinspeisung erhalten. Wie bei dem Fördersystem der Einspeisevergütung erhalten Anlagenbetreiber diese Prämie unter Garantie für einen festgelegten Zeitraum bzw. für eine bestimmt festgelegte Produktionsmenge. Der große Unterschied liegt hier jedoch dabei, dass Ökostromerzeuger ihren Strom auf der Strombörse selbst vermarkten müssen, wodurch mehr Marktintegration entstehen soll (Häder, 2014). Beim Prämienmodell wird zwischen drei unterschiedlichen Herangehensweisen differenziert (Held et al., 2014):

- Fixe Prämien: Die Prämie ist ein fixer Aufschlag auf den aktuellen Strompreis.
- Prämien mit Ober- und Untergrenzen (Cap- and Floor-Modell): Durch dieses System können unerwünschte Kostenentwicklungen berücksichtigt werden.
- Variable Prämien: Die Prämie kann ständig an den variablen Strompreis angepasst werden.

Bekannte Vertreter dieses Modells sind beispielsweise Deutschland, das ein variables Prämiensystem anwendet und ebenfalls Spanien, das durch ein Ober- und Untergrenzen-Modell vor allem im Bereich der Photovoltaik und Windenergie einen hohen Ausbau erzielen konnte. Aufgrund der wirtschaftlichen Krise stoppte Spanien die Förderungen für erneuerbare Energien jedoch im Jahr 2014, wodurch ein weiterer Ausbau zum Stillstand kam (IG Windkraft, 2015).

2.5.2.   Ausschreibungsmodell (TEN)

Das mengenorientierte Ausschreibungsmodell ist im Gegensatz zu den beiden präsentierten Fördersystemen, Einspeisevergütungen und Marktprämien, kein klassisches Fördermodell (Held et al., 2014). Es wird die zu erreichende Menge an erneuerbarer Energie festgelegt und dann wettbewerblich ausgeschrieben und auktioniert. Die potenziell in Frage kommenden Anlageninvestoren können dann Angebote machen, zu welchem Preis der erzeugte Strom der Anlagen verkauft werden soll. Nach der Reihe werden so die günstigsten Angebote bezuschlagt und mit dem Bau der Anlage beauftragt. Durch dieses Modell soll mehr Wettbewerb unter den Erzeugern entstehen und daraus folgend mehr Kosteneffizienz bei der Förderung generiert werden. Die Ausschreibung kann außerdem technologie- bzw. standortdifferenziert erfolgen. Ebenfalls sind im Modell Sanktionen vorgesehen, um zu garantieren, dass die Anlagen, nach Zuschlag, auch gebaut werden und die Kapazitäten nicht nur gesichert werden (AGORA Energiewende, 2014) (Häder, 2014).

Der bekannteste Vertreter des Ausschreibungsmodells ist Deutschland. So startete mit 2014 ein Pilotprojekt für Photovoltaik-Freiflächenanlagen. Ziel war hier, Mitnahmeeffekte und Förderkosten zu senken, indem potenzielle Anlageninvestoren in den Auktionsverfahren ihre Kosten offenbaren. Mit 2017 wurde das Modell auch auf andere erneuerbare Energieträger ausgeweitet (Gawel und Lehmann, 2014) (Gawel und Purkus, 2016). Im folgenden Kapitel wird noch genauer auf die Fördersituation in Deutschland eingegangen.

2.6.   Photovoltaik in Deutschland

Um die österreichische Photovoltaik vergleichbar zu machen, wird in diesem Kapitel auf die Entwicklung der Photovoltaik und ihre Fördersituation in Deutschland eingegangen. Es wurde das Land Deutschland ausgewählt, da es in der Geschichte der PV eine maßgebliche Vorreiterrolle eingenommen hat und noch immer, trotz aktueller starker Stagnation, nach China und Japan den drittgrößten PV-Anteil in MW weltweit besitzt (IWR, 2017) (Wirth, 2017).

2.6.1.   Marktentwicklung der Photovoltaik in Deutschland

Seitdem das im Jahr 2000 entschiedene „Gesetz für den Vorrang erneuerbarer Energien (EEG)" im Jahr 2004 erstmals novelliert wurde, ging es mit dem Zubau von Photovoltaikanlagen erstmals stark voran. Seither wurde das EEG fünf Mal novelliert und die Art des Unterstützungssystems mehrere Male verändert und neuangepasst (IWR, 2017).

Der Stromverbrauch in Deutschland lag im Jahr 2015 bei 525 TWh. Verglichen mit dem Jahr 1991 (473 TWh) ist dieser um ca. 11 % gestiegen. Der PV-Stromanteil am Gesamtstromaufkommen lag 2016 bei 5,9 % mit einer kumulierten installierten Leistung von ca. 41 GW$_p$, verteilt auf 1,5 Millionen Anlagen. Damit deckte die PV ca. 7,4 % des Netto-Stromverbrauchs. Der gesamte regenerative Stromanteil betrug 2016 in etwa 29 % (BMWI, 2017b) (Wirth, 2017).

Folgende Grafik stellt die gesamte Bruttostromerzeugung (TWh) und ebenfalls einen Auszug aus der Zusammensetzung der erneuerbaren Energien in Deutschland dar.

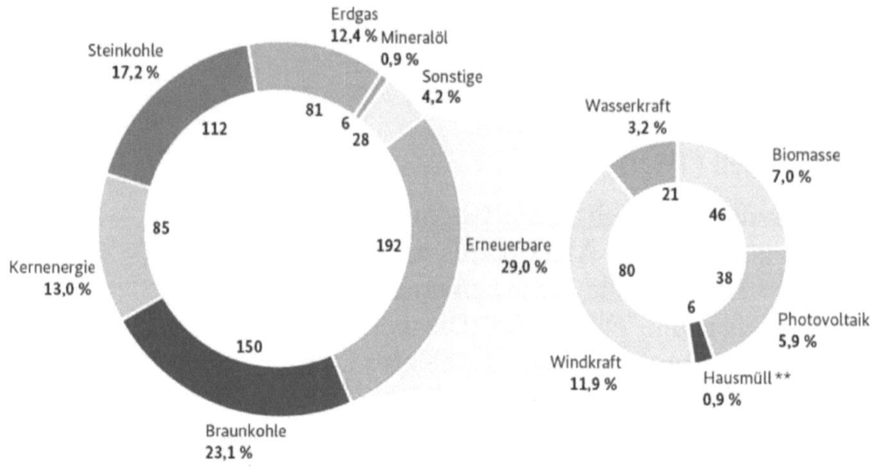

Abb. 7 Bruttostromerzeugung in Deutschland 2016 in TWh (übernommen aus: BMWI, 2017a).

Der deutsche Photovoltaikmarkt hat sich, gestützt durch die EEG-Einspeisevergütung, den weltweit boomenden Ausbau der PV-Produktionskapazitäten und durch eine Kostendegression bis 2012, das als das Jahr mit dem stärksten verzeichneten Zubau (7,6 GW$_p$) gilt, auf einem starken Wachstumspfad befunden. Danach ist der Zubau stark eingebrochen, da die EEG-Einspeisevergütung so stark zurückging, dass Preise von PV-

Systemen nicht mehr Schritt halten konnten. Seit 2014 wird der im EEG festgelegte jährliche Ausbaukorridor von 2,5 GW_p nicht mehr erreicht (IWR, 2017) (Wirth, 2017).

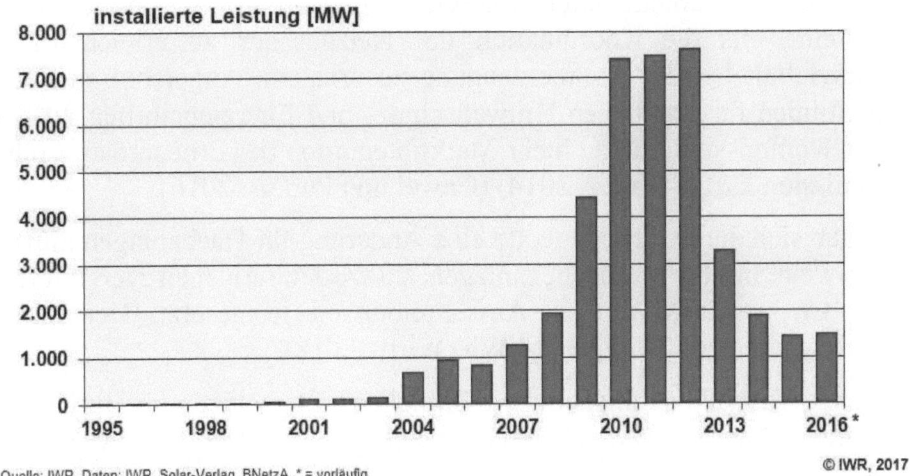

Abb. 8 Jährlicher PV-Zubau in Deutschland bis 2016 (übernommen aus: IWR, 2017).

2.6.2. Aktuelle Fördersituation in Deutschland durch das EEG

Das deutsche Fördersystem für erneuerbare Energien war seit der Einführung des EEG häufigen Anpassungen und Wechseln unterzogen. Besonders für die Photovoltaik wurden oft gesonderte Änderungen durchgeführt. Jedoch hat sich das auf 20 Jahre pro Anlage festgesetzte Fördersystem der Einspeisevergütung bis heute durchgesetzt, auch wenn die Tarifhöhe im Vergleich zu früher in den letzten Jahren deutlich gesunken ist (Hartl, 2017). So betrug sie für kleine Dachanlagen, die bis Jänner 2018 in Betrieb gingen 12,20 ct/kWh (abhängig von der Anlagengröße). Die Förderung erfolgt, ähnlich wie in Österreich, über keine Subventionen, sondern über die sogenannte EEG-Umlage. Hierbei zahlen Energieverbraucher eine Zwangsabgabe, die jedoch nicht der kompletten Vergütung entspricht, sondern den Differenzkosten aus Vergütungszahlungen und Verkaufserlösen. So wurde die EEG-Umlage für das Jahr 2018 auf 6,792 ct/kWh (exkl. Umsatzsteuer) festgelegt (Wirth, 2018).

Neben der Einspeisevergütung wird in Deutschland, seit der EEG Novelle im Jahr 2012, der eigens erzeugte Strom auch über die Strombörse direktvermarktet. Da die Strombörsenpreise die Kosten der PV-Anlage jedoch nicht decken würden, werden Anlagenbetreibern zusätzlich zum Marktpreis auch variable Markprämien ausbezahlt. Diese ergeben sich aus der Differenz des aktuellen Strompreises und der jeweils geltenden Einspeisevergütung. Die Direktvermarktung galt anfangs noch als optionale Möglichkeit, wurde aber durch das EEG 2014 für alle Neuanlagen ab 500 kW verpflichtend. Seit 2016 sogar schon ab einer installierten Leistung von 100 kW. Anlagen die davor gebaut wurden oder in Bauphase waren, konnten jedoch weiter über die Einspeisevergütung gefördert werden. Grund für diese neue Regelung war eine Klage der EU-Kommission, die die gesetzlich garantieren „EEG-Vergütungen" kritisierte, da diese wenig Marktintegrationswirkung zeigen. Das Produkt Strom sollte, wie auch in anderen Wirtschaftsbranchen üblich, mit gewissem Marktrisiko direkt vermarktet werden (Gawel und Purkus, 2012) (Gawel und Lehmann, 2014) (Vogtmann, 2016).

Seit der neuesten Novelle des EEG, die im Jänner 2017 in Kraft getreten ist, gibt es erneut viele umfangreiche Änderungen. Es wurde das mengenorientierte Ausschreibungsmodell, welches schon seit dem EEG 2014 für PV-Freiflächenanlagen getestet wurde, technologiespezifisch für einige erneuerbare Energieträger eingeführt. Ziel war eine erhöhte Kosteneffizienz der Förderung erneuerbarer Energien sowie eine Verbesserung der Mengensteuerung, um einerseits die Koordination des Netzausbaus zu erleichtern und andererseits die Akteursvielfalt bei der Stromerzeugung zu erhalten. Angelehnt sind diese Reformziele an die „Leitlinien für staatlichen Umweltschutz- und Energiebeihilfen 2014 bis 2020" der Europäischen Kommission, die zu mehr Marktintegration der Erneuerbaren führen soll (Europäische Kommission, 2014) (Frenz, 2014) (Gawel und Purkus, 2016).

Bei der Photovoltaik ergab sich durch diese Novelle eine Änderung für Dachanlagen mittlerer und großer Größe sowie weiterhin für Freiflächenanlagen. So wird die Einspeisevergütung bei Dachanalgen von 750 kW – 10 MW über Ausschreibungen festgesetzt. Der mittlere Zuschlagswert betrug im September 2017 4,91 ct/kWh (Wirth, 2018).

Abschließend soll folgende Tabelle nochmals die wesentlichen Unterschiede im Hinblick auf die Photovoltaik und ihre Förderung zwischen Österreich und Deutschland vergleichbar machen:

Tab. 1 Vergleichstabelle der politischen Unterstützungssysteme für Photovoltaik in Österreich/Deutschland.

	Stromverbrauch (2015)	PV-Anteil (2016)	Einspeisevergütung	Marktprämien	Ausschreibungen
AT	61 TWh	1,88 %	X	—	—
DE	525 TWh	5,9 %	X (<100 kW_p)	X (>100 kW_p)	X (>750 kW_p)

3. ZUSAMMENFÜHRUNG DER ERGEBNISSE AUS DEN EXPERTENINTERVIEWS

In diesem Kapitel findet die Auswertung und Zusammenführung der Experteninterviews statt. Es wurden acht Experten verschiedenster Interessengruppen der PV- und Energiebranche interviewt. Sechs der insgesamt acht befragten Experten werden nach dem Unternehmen bzw. der Organisation, für die sie tätig sind, benannt. Aufgrund von Wünschen zur anonymen Weiterverarbeitung der Informationen werden zwei der Experten nur nach ihrer Tätigkeit benannt. Folgend werden alle Experten aufgezählt und nummeriert. Die Nummerierung ist für die nachfolgende Auswertung in den Tabellen relevant, da sie abkürzend für den jeweiligen Experten steht.

1. Das Energieunternehmen Wien Energie
2. Der Verband Erneuerbare Energien Österreich
3. Das Solarenergieberatungsunternehmen Dachgold e.U.
4. Die Interessensvertretung Photovoltaic Austria (PV Austria)
5. Das Bundesministerium für Wissenschaft, Forschung und Wirtschaft (BMWFW)
6. Die Abwicklungsstelle für Ökostrom AG (OeMAG)
7. Eine Person aus einer österreichischen Energie-Verwaltungsbehörde
8. Ein Photovoltaikanlageninstallateur

Tab. 2 Interviewfrage 1 mit paraphrasierten Antworten der Experten gegenübergestellt (vollständige Interviews siehe Anhang).

Frage 1: Wie ist aus Ihrer Sicht der Stand der aktuellen Entwicklungen im Hinblick auf die Photovoltaik und ihre Möglichkeiten?	
Experte	**Paraphrase**
1	-Gebäudeintegrierte PV wird stark vorangetrieben. Herausforderung ist Wirtschaftlichkeit. -Gemeinschaftlich genutzte Erzeugungsanlage wird vor allem im urbanen Bereich stark zunehmen → Betreiber sind gefordert.
2	PV wird wichtigste erneuerbare Stromerzeugungsquelle. Es fehlen aber noch die wichtigsten Unterstützungsfaktoren, nämlich für Mikronetze und Speicher.
3	Möglichkeiten wären unendlich groß. Wegen derzeitigem Stromverrechnungssystem, Dumpingpreisen am Strommarkt und indirekter Förderung des „alten Systems" derzeit noch Förderungen nötig. PV aufgrund von beabsichtigt hohen Fixkosten im Strompreis noch gehemmt → Energieversorger und Netzbetreiber versuchen PV klein zu halten.
4	PV hat in den letzten Jahren unvorhersehbar große Entwicklung durchlebt. Preisreduktion zwischen 2008 und 2015 war 68% → von relativ teurer Technik am Weg zur kostengünstigsten Stromerzeugungstechnik. Asiatische Staaten haben Ruder in Weltproduktion übernommen.
5	Durch die kleine Ökostromnovelle sind viele gute Neuerungen für PV entstanden.
6	Durch die kleine Ökostromnovelle hat die PV bessere Möglichkeiten erhalten. Sie hat sich in den letzten Jahren gut entwickelt und noch Potential.
7	PV etabliert sich in Eigenversorgung → Wirtschaftlich am sinnvollsten, da kaum Förderungen notwendig sind. Durch Möglichkeit der gemeinschaftlichen Erzeugungsanlage ist PV nochmal gestärkt, es wird sich zeigen ob das Modell massentauglich ist.

| 8 | PV ist interessantester Energieträger der Zukunft und wäre mittlerweile schon ohne Förderung wirtschaftlich und wird teils auch schon so gebaut. Zusätzlich stört der Bau der Anlagen niemanden. |

Tab. 3 Interviewfrage 2 mit paraphrasierten Antworten der Experten gegenübergestellt (vollständige Interviews siehe Anhang).

Frage 2: Was wünschen Sie sich für das ÖSG und welche Eckpunkte müssen darin verankert sein, um die Photovoltaik besser ins erneuerbare Energiesystem integrieren zu können?

Experte	Paraphrase
1	Wesentlich wird Sicherung eines ambitionierten Ausbaupfads. Volleinspeiser sollen über fixe Prämie auf den Marktpreis gefördert werden. Überschusseinspeiser über eine Investitionsförderung, die mit 40 % gedeckelt ist. Anlagen ab 750 kW über Ausschreibungen.
2	Mikronetze, eine Speicherförderung und Investitionsprämien statt Einspeisetarifen. Einspeisetarife nur für Großanlagen.
3	Fiskale Anreize statt Förderungen, Sonderabschreibungen für PV-Investitionen, Abschaffung der Eigenverbrauchsabgabe, Solare Baupflicht für öffentliche Gebäude (Staat hat kaum Kapitalkosten). Am wichtigsten: Keine Deckelung des Ausbaus. Eigenverbrauchsanlagen bräuchten keine Förderungen mehr, wenn gesamter Strompreis ersetzt werden könnte. Freiflächenanlagen sollten kontrolliert wieder aufgenommen werden → verpflichtende Energiewidmungsflächen in jeder Gemeinde. Außerdem Ortnetzspeicher und Reduktion der Behördenwege.
4	Parameter so setzen, dass Marktfähigkeit von PV in 8-10 Jahren möglich. Möglichkeiten: steuerliche Leitmaßnahmen, Investitionen in die Technik, konventionelle Energieträger nach Vollpreissystem abrechnen → Internalisierung externer Kosten.
5	Finalisierung der „Integrierten Klima- und Energiestategie" von neuer Bundesregierung wird zeigen was kommt.
6	Es wird in Richtung Ausschreibesysteme und Einmalförderungen, mit Ausnahmen für kleine Anlagen und Sondersituationen, gehen. Außerdem in Richtung Speicherförderung, damit Anlagen mit hohem Eigenverbrauch nicht benachteiligt werden. Dadurch werden auch Netze nicht mehr so stark belastet.
7	Wenn Fokus Eigenverbrauch ist, müsste PV nicht mehr zwangsweise im ÖSG verankert sein, da sie mittelfristig keine Förderungen mehr brauchen wird. Hier sollte die PV dann jedoch auch von Steuern, Abgaben, Netzgebühren und dem Ökostromförderbeitrag befreit sein → würde jedoch auch Einnahmen zu Erhaltung des Systems untergraben. Wenn der Fokus Volleinspeisung ist, wird Förderung nötig sein, Vergabe sollte marktbasiert erfolgen.
8	Neue Fördersysteme bringen wenig, da nur viel administrativer Aufwand. Im Prinzip kommt PV ohne Förderung aus. Ganz wichtig ist nur, bürokratische Hürden zu reduzieren → Weg vom Ökostromanlagenbescheid → Behördenwege dauern oft länger als Bau der Anlage selbst.

Tab. 4 Interviewfrage 3 mit paraphrasierten Antworten der Experten gegenübergestellt (vollständige Interviews siehe Anhang).

Frage 3: Soll im ÖSG ein Mindestausbauziel bzw. ein jährliches Ausbauvolumen für Photovoltaik enthalten sein?	
Experte	**Paraphrase**
1	Ja!
2	Ja, aber mit Unterstützungen für Mikronetze und Speicher.
3	ÖSG soll so gestaltet sein, dass jährliches Ausbauvolumen von 150 MW_p/a auf mindestens 300-500 MW_p/a wachsen kann. Langfristig 1000 MW_p/a als Ziel.
4	Ja, dient als Orientierung. Entscheidend ist aber ein grundsätzliches Bekenntnis zur Energiewende in Richtung erneuerbarer und nachhaltiger Energieformen. Wir orientieren uns für das Jahr 2030 an der bisher höchsten formulierten Ausbaumenge, diese wurde vom ehemaligen Bundeskanzler Kern mit 13 GW_p festgelegt.
5	Im ÖSG 2012 sind Ausbauziele vorhergesehen (200 MW/a von 2010-2020)
6	Strenges Jahresziel nicht realistisch, da oft über den Jahreswechsel Anlagen gebaut werden. Ziele sollten jedoch trotzdem in einem neuen Gesetz enthalten sein.
7	Fixiertes Volumen nur dann sinnvoll, wenn es mit einem Ausschreibungsmechanismus verknüpft ist. Es stellt sich jedoch die Frage, ob PV überhaupt noch im ÖSG enthalten sein soll. Gerade bei der PV und ihrer Massentauglichkeit könnte man Ausbau und Entwicklung dem Markt überlassen.
8	Nein, nicht nötig. Solche Vorgaben bringen nichts → siehe Pariser Klimaziele.

Tab. 5 Interviewfrage 4 mit paraphrasierten Antworten der Experten gegenübergestellt (vollständige Interviews siehe Anhang).

Frage 4: Was halten Sie von mengenorientierten Fördersystemen, wie Ausschreibungen?	
Experte	**Paraphrase**
1	Aufgrund des administrativen Aufwands sollten Ausschreibungen für Anlagen größer 750 kW erfolgen. Bei ausreichender Dotierung → technologiespezifische Ausschreibungen
2	Sie wären nur bei Vorhandensein vieler Großflächen sinnvoll, diese haben wir in Österreich nicht.
3	Im Sinne der Bürgerenergiewende sind Ausschreibungen nicht sinnvoll. Deutschland hat gezeigt, dass Ausschreibungen vor allem Großinvestoren und Energieversorger begünstigen, welche kein Interesse an raschem Ausbau haben → Viele Projekte zu sehr günstigen Preisen ausgeschrieben und dann aber nicht gebaut, weil Preis zu niedrig war. Ebenfalls für Bürgerbeteiligungen ungeeignet, da keine Investitionssicherheit gegeben ist. Besser: halbjährlich anpassendes Modell mit FIT und „atmenden Deckel".
4	Mengenorientierte Fördersysteme führen in der Regel zu keinem zufriedenstellenden Ausbau → nur bestimmte Technologien an ausgewählten günstigen Standorte und andere Technologien Nachsehen. Für funktionierende Energieversorgung einerseits Technologievielfalt wichtig, andererseits optimale Kraftwerkskapazitätenverteilung. Absurd vor allem gemeinsame Ausschreibung von Technologien, da gegeneinander

	ausspielen. Sonne scheint nicht immer, Wind weht nicht immer. → Vorteile der Technologien müssen ausgeschöpft werden, Speicher vorangetrieben und unterstützt.
5	Überlegungen zu Ausschreibungen sollten im Rahmen der großen ÖSG-Novelle angestrebt werden. Europarechtlicher Rahmen maßgeblich. Dieser geht von technologieneutralen Ausschreibesystematiken und einem Investitionsförderungs- bzw. Marktprämienmodell aus.
6	Mit Ausnahmemöglichkeiten für kleinere Anlagen sind Ausschreibungen gut. Jedoch sollte es zu Differenzierungen zwischen Energieformen und Größenklassen geben.
7	Bei Volleinspeisung sollte Förderung marktbasiert erfolgen, also sind Ausschreibungen unumgänglich (europäische Vorgaben). Deutschland hat schon gezeigt, dass es zu positiven Ergebnissen gekommen ist → Förderbedarf ist gesunken und Realisierungsrate war hoch. Technologieübergreifende Ausschreibungen wären auch möglich.
8	Nichts! Allgemein sind für die PV keine Förderungen mehr nötig. Förderung soll nur Initialzündung für Markteintritt sein. Grund für die vielen Förderungen ist nur Geld → Sehr viele Ressourcen gehen allein nur an den Förderstellen und den Mitarbeitern in diesen verloren. Zudem hat Deutschland gezeigt, dass sie zu viele Förderungen vergeben haben und jetzt nicht mehr so viel Potenzial wie wir haben.

Tab. 6 Interviewfrage 5 mit paraphrasierten Antworten der Experten gegenübergestellt (vollständige Interviews siehe Anhang).

Frage 5: Was muss im ÖSG verankert sein, damit PV-Anlagenbetreiber einen Anreiz haben aktiv an der Netzstabilität mitzuwirken?

Experte	Paraphrase
1	-Eigennutzungsgrad bei Überschusseinspeisungen muss Kriterium sein, jedoch in Form einer kaufmännisch attraktiven Version. -Damit große Volleinspeisungen weiter ausgebaut werden, muss Regulier-Funktion durch Netzbetreiber vorhanden sein, die Wirtschaftlichkeit nicht negativ beeinflusst.
2	Eine sinnvolle Speicherförderung.
3	Eine Möglichkeit wären „Ortsnetzspeicher". Sollte System geben, welches es wirtschaftlich macht, einen Speicher gemeinsam zu nutzen. Dieser kann dann wiederum Netzstabilitätsaufgaben übernehmen → Derzeit aber noch keine Anreize, weil Strompreis zu niedrig. Unternehmen könnten Lastmanagement installieren und so für Zuschüsse Netz entlasten.
4	Sollte harmonische Gemeinsamkeit zwischen Netzbetreibern und PV-Anlagenbetreibern geben. Wichtig ist eine konsensuale Entwicklung.
5	Durch Ökostromförderregime gab es in letzten Jahren einen enormen Zuwachs an installierter erneuerbarer Erzeugungsleistung. Umso mehr bedarf es um die Herstellung des Gleichgewichts zwischen Erzeugung und Verbrauch. Regelreserve und Ausgleichsenergie dienen dazu. Hier können auch PV-Anlagenbetreiber mitwirken.
6	Es sollte verpflichtend zu einer „smart meter"-Anwendung kommen, damit Netzbetreiber besser planen können und Abrechnungen genauer und schneller erfolgen.
7	Vergabe von Förderungen kann an zusätzliche Anforderungen geknüpft werden, jedoch sollten diese bei der PV marktbasiert zustande kommen, weil Förderbedarf zurückgehen

	und enden soll. Unter einem ÖSG mit FIT ist kein Potential für solche Anreize gegeben.
8	Nicht sinnvoll PV-Anlagen zu steuern wie Gaskraftwerke. Mengenmäßig hat PV derweil zu kleinen Anteil, wodurch dieses Thema irrelevant ist. Einzige Ausnahme bei ganz großen Kraftwerken > 200 kW$_p$. Hier könnte man über Implementierung nachdenken.

Tab. 7 Interviewfrage 6 mit paraphrasierten Antworten der Experten gegenübergestellt (vollständige Interviews siehe Anhang).

Frage 6: Was halten Sie von steuerlichen Begünstigungen bzw. Sonderabschreibungen für PV-Anlagen?	
Experte	**Paraphrase**
1	Ist wünschenswert!
2	Nichts!
3	Sehr viel mehr als von Förderungen!
4	Sie würden die Vorteile einer dezentralen sauberen Stromerzeugung anerkennen.
5	Diese Fragestellung kann im Zuge der „integrierten Klima- und Energiestategie" behandelt werden.
6	Nicht sehr viel. Sobald es zu Sonderabschreibungen und Begünstigungen kommt, ist das Ökostromfördersystem gestorben. Jedoch sollen sinnlose Belastungen im PV Bereich gestrichen werden, damit es zu Chancengleichheit kommt.
7	Absolut nichts! Solange es weiter Förderungen gibt, benötigt es keine zusätzlichen Anreizsetzungen. Jede weitere Form der direkten und indirekten Förderung ist volkswirtschaftlich kontraproduktiv.
8	Gar nichts. Diese stellen nur riesige bürokratische Hürden dar und sind unnötig.

Tab. 8 Interviewfrage 7 mit paraphrasierten Antworten der Experten gegenübergestellt (vollständige Interviews siehe Anhang).

Frage 7: In welchen Bereichen wäre es möglich bürokratische Hürden und Auflagen zu reduzieren, um dadurch sowohl mehr Effizienz in der Abwicklung, als auch Klarheit bei den Anlagenbetreibern zu schaffen?	
Experte	**Paraphrase**
1	Vereinheitlichung, Entbürokratisierung und damit Beschleunigung von Bewilligungsverfahren. Außerdem Ansuch-Verfahren bei Netzbetreiber vereinheitlichen.
2	Behördliche Genehmigungen sollten nur für sehr große Anlagen notwendig sein, sonst sollte eine Bestätigung des Installateurs über die Einhaltung der Normen genügen.
3	Eine gesetzliche Verankerung der Betriebsanlagengenehmigungsbefreiung → Auch aktuelle Änderung hat keine Verbesserung gebracht, weil sich Behörden nicht an Regelung gehalten haben. Ziel muss sein Behördenwege von 6-12 Monaten auf 1-2 Monate zu reduzieren. Ebenfalls sind planbare Rahmenbedingungen wichtig.
4	Vereinheitlichung innerhalb der Bundesländer für alle Auflagen ist sehr wichtig → gemeinsame Erarbeitung möglichst unbürokratischer und leicht nachvollziehbarer

	Vorgaben. Außerdem: Abschaffung der Betriebsanlagengenehmigung, Abschaffung der Eigenverbrauchsabgabe, Nutzungsmöglichkeiten für geeignete Freiflächen.
5	Schon jetzt ist dafür gesorgt, dass die Abwicklung der PV-Förderung möglichst rasch, transparent und effizient abläuft. Dazu werden auch die erlassenen Förderrichtlinien von 2018 beitragen.
6	„Kleine Novelle" hat bereits zu erheblichen administrativen Erleichterungen beigetragen. Ein weiterer Schritt wäre eine österreichweite Vereinheitlichung der Energiegesetze. Das ist aber schon im neuen Regierungsprogramm vorgesehen.
7	Es gibt keinerlei ersichtliche bürokratische Hürden. Durch den Wegfall des Ökostrombescheids reicht ohnehin ein Netzzugangsvertag, der nicht verzichtbar ist.
8	Das ist der wichtigste Punkt für die erfolgreiche Integration der PV. Es könnten dadurch enorme Kosteneinsparungen erreicht werden. Konkrete Punkte sind: Bei Gemeinden nur mehr Anzeigepflicht, wie es bei manchen schon üblich ist; Land und Bund sollten keinen Einfluss mehr auf die PV haben, da alles auf Gemeindeebene regelbar ist (Ausnahme bei Riesenprojekten); die R11 (feuerrechtliche Bestimmungen) abschaffen → Aufwand und Wirkung in keinem Verhältnis; Ökostromanlagenbescheid und andere zeitverzögernde Dinge verkürzen → halbe A4 Seite genügt, statt zwei Bescheiden zu je 20 Seiten.

Tab. 9 Interviewfrage 8 mit paraphrasierten Antworten der Experten gegenübergestellt (vollständige Interviews siehe Anhang).

Frage 8: Sind Sie, ganz grundsätzlich betrachtet, für eine Änderung des Gesamtenergiesystems (z.B. CO2-Steuer) oder sind Sie für die Beibehaltung und Optimierung unseres jetzigen Systems?

Experte	Paraphrase
1	ETS-System sollte angepasst werden, sodass CO2-Preise wirksames Preissignal für Energieeinsparungen und Investitionen in erneuerbare Energien setzen.
2	optimal, weil sie auch Anreize zur Effizienz schaffen würde
3	CO2-Steuer wäre die einfachste Form, um die PV förderfrei, jedoch momentan politisch nicht absehbar.
4	CO2-Steuer bzw. Besteuerung von nicht nachhaltigen Substanzen wäre effizientester Weg bei gleichzeitiger Entlastung der Arbeit. Eines der wichtigsten Ziele im 21. Jhd.
5	Wird sich in „integrierten Klima- und Energiestrategie" zeigen
6	Eine Beibehaltung, aber starke Optimierung des jetzigen Systems wäre besser.
7	Ja zur CO2-Steuer, aber nur wenn alle anderen Förderungen wegfallen. So könnten sich alle erneuerbaren Energien am Markt durchsetzen.
8	Eine CO2-Steuer ist, rein volkswirtschaftlich gesehen, extrem sinnvoll! Aber allein eine Steuer auf Strom, Gas und Öl würde auch schon genügen. Im Gegenzug könnte man andere Steuern, wie die auf Arbeit, senken.

4. DISKUSSION UND ZUSAMMENFÜHRUNG DER ERGEBNISSE AUS LITERARISCHER RECHERCHE UND EXPERTENINTERVIEWS

Wie die vorliegende bereits Arbeit gezeigt hat, gibt es viele verschiedene Herangehensweisen und Meinungen, wie mit der Photovoltaik in Österreich umgegangen werden kann und soll. In einem Punkt herrscht jedoch Einigkeit: Die Photovoltaik hat großes Potential. Die Meinungen der interviewten Experten spalten sich dennoch in der Frage, wie dieses Potential bestmöglich genutzt und in einem neuen großen Ökostromgesetz optimal umgesetzt werden kann. Das fängt bei der Wahl und Auslegung des passenden Unterstützungssystems an, sofern überhaupt noch spezielle Fördermaßnahmen nötig sind. Zudem stellt sich die Frage, ob ein höheres Mindestausbauziel als bisher festgelegt werden soll, um sowohl die Photovoltaik schneller ins erneuerbare Energiesystem integrieren zu können, als auch das Streben nach 100 % erneuerbarer Stromerzeugung zu erreichen. Des Weiteren muss analysiert werden, wo sich bessere Anreize für PV-Anlagenbetreiber setzen lassen. Hier muss es einerseits zu Vereinfachungen und Abbau bürokratischer Hürden in der Anlagenerrichtung kommen, andererseits sollen Anlagenbetreiber motiviert werden an der Netzstabilität mitzuwirken, da dies durch steigende Dezentralität der Anlagen immer mehr an Bedeutung gewinnt. Zuletzt ist auch zu erwähnen, dass die Architektur von Gebäuden eine immer wichtigere Rolle spielen wird und dies sowohl gesetzlich, als auch in der Planung zu berücksichtigen ist (Fechner et al., 2016). Im Endeffekt hängt der zukünftige Umgang mit der Photovoltaik jedoch natürlich von der neugewählten Österreichischen Bundesregierung ab. In der ersten Auflage des Regierungsprogrammes, das während des Verfassens dieser Arbeit entstanden ist, ist dem Thema Energie das Kapitel „Integrierte Klima- und Energiestrategie" gewidmet. Im Laufe dieser Diskussion wird daher auch immer der Blick auf die Pläne der Regierung geworfen und mit dem Inhalt dieser Arbeit verglichen.

4.1. Optimales Fördersystem

In Bezug auf ein optimales Fördersystem für die österreichische Photovoltaik, stellt sich die Frage, ob an dem Modell der Einspeisevergütung festgehalten, oder ob es vom Modell der Marktprämien abgelöst werden soll. Ziel der Einführung von Marktprämien wäre, mehr Marktintegration zu erreichen, da Anlagenbetreiber ihren Strom selbst am Strommarkt verkaufen müssen. Es würde aber auch die Möglichkeit bestehen, wie in Deutschland, beide Fördermodelle in Anwendung zu haben: Einspeisevergütungen für kleinere Anlagen und Prämien für Größere. Die neue Österreichische Bundesregierung hat in ihrem Regierungsprogramm nun das Marktprämienmodell beschlossen, jedoch noch keine konkreten Punkte fixiert, wie dieses ausgelegt sein wird (Österreichische Bundesregierung, 2017).

Es könnte außerdem überlegt werden, ob Förderungen für die Photovoltaik von der jeweiligen Nutzungsart der PV-Anlagenbetreiber abhängig gemacht werden sollen. So könnte man zum Beispiel zwischen Volleinspeisern und Überschusseinspeisern unterscheiden. Volleinspeiser speisen, wie der Name schon sagt, ihren gesamten erzeugten Strom ins Ortsnetz ein und erhalten dafür den durch die OeMAG geförderten Einspeisetarif. Dafür wird der von ihnen benötigte Strom auch zur Gänze über das Ortsnetz bezogen. Bei Überschusseinspeisern hingegen liegt der Fokus der Stromerzeugung auf der Eigenversorgung. Durchschnittlich können in etwa 35 – 40 % des eigenen PV-Stroms selbst verbraucht werden. Wird an sonnenreichen Tagen überschüssiger Strom erzeugt, der den momentanen Eigenbedarf übersteigt, wird dieser ebenfalls ins Ortsnetz eingespeist. Der restliche Strom, der nicht mit der eigenen Anlage produziert werden kann, wird wiederum übers Netz bezogen (BMF, 2014) (PV-Austria, 2017c). Im Hinblick auf eine differenzierte Förderung dieser beiden

Nutzungsarten, könnte man Überschusseinspeiser etwa nur mehr mit Investitionszuschüssen fördern (bspw. Kombination aus KLIEN und Wiener Landesförderung) und Volleinspeiser weiterhin mit Einspeisetarifen oder eben Marktprämien durch die OeMAG. Aktuell ist es nämlich so, dass auch Überschusseinspeiser, geförderte Einspeisungen erhalten, sofern diese die OeMAG-Tarifförderung in Anspruch nehmen. So eine Differenzierung hätte Vorteile sowie auch Nachteile. Einerseits könnte dadurch Fördergeld eingespart werden, das in Folge für mehr Volleinspeiser genutzt werden könnte. Andererseits wäre für Überschusseinspeiser wahrscheinlich der Anreiz verloren, ihr komplettes Dachpotential auszuschöpfen, da dies im Bau nur Mehrkosten bedeuten würde und wirtschaftlich nicht sinnvoll wäre.

Allgemein stellt sich jedoch auch die Frage, wie lange die Photovoltaik überhaupt noch Förderbedarf hat oder ob es nicht auch andere Möglichkeiten statt Förderungen gibt, die die PV besser unterstützen. Solche Möglichkeiten wären beispielsweise steuerliche Begünstigungen oder Sonderabschreibungen für PV-Anlagen. Experte 7 meint hierzu etwa, dass eine PV-Förderung von Eigenversorgern (Überschusseinspeisern) nicht mehr zwangsweise im ÖSG verankert sein müsste, da mittelfristig keine Förderungen mehr nötig sein werden. Jedoch sollten diese dann auch von Steuern, Abgaben, Netzgebühren und dem Ökostromförderbeitrag befreit sein. Auch bei den restlichen Experten teilten sich hier die Meinungen stark. Manche würden Regelungen in diese Richtung statt Förderungen bevorzugen (E1, E3, E4), andere wiederum nicht (E2, E6, E8). Interessanterweise widersprechen sich bei diesem Thema genau die Experten, die bei nahezu bei allen anderen Fragen des Interviews ähnlicher bis gleicher Meinung waren.

In Bezug auf Förderbedarf der PV ist in den Interviews auch immer wieder das Wort „Wirtschaftlichkeit" gefallen. „Wien Energie" (E1) sieht hier vor allem durch gebäudeintegrierte PV-Anlagen großes Potential. Auch die „PV-Austria" (E4) hält Marktfähigkeit in 8-10 Jahren für gut möglich, wenn vor allem von der Regierung gewisse Parameter so gesetzt werden, die die PV durch steuerliche Leitmaßnahmen und Investitionen in die Technik fördern und konventionelle Energieträger nach Vollpreissystem abrechnen. Interessant ist ebenfalls die Meinung des PV-Anlageninstallateur (E8) sowie von „Dachgold" (E3). Ersterer sieht die PV schon jetzt als wirtschaftlich und meint, dass er auch teilweise förderfrei baut. Zudem sollen Fördersysteme nur beim Markteintritt neuer Technologien helfen und sind bei etablierten Energieträgern wie der PV bloße Geldverschwendung und unnötiger administrativer Aufwand. Und auch E3 sieht Förderungen etwas kritischer. Diese seien aktuell nur mehr nötig, da indirekte Förderungen für konventionelle Energieträger, Dumpingpreise am Strommarkt und bewusst durch Energieversorger und Netzbetreiber hoch gehaltene Fixkosten in den Strompreisen, die Marktfähigkeit der PV momentan noch nicht zulassen. Interessant an dieser Wirtschaftlichkeitsdebatte ist die unterschiedliche Auffassung der Interviewten. Es stellt sich die Frage, was Wirtschaftlichkeit in diesem Kontext überhaupt genau bedeutet und wie es zu definieren ist. Es stellt sich weiters die Frage, ob eine PV-Anlage schon wirtschaftlich ist, wenn sie sich ohne Förderung im Bereich eines „0-Summenspiels" bewegt oder erst wenn sie beispielsweise 20 % Rendite abwirft. Oder ob Wirtschaftlichkeit das Erreichen von Netzparität ist, also der Zeitpunkt ab dem die Stromgestehungskosten von PV-Anlagen den Kosten gleichen, um die Strom beim Netzbetreiber eingekauft werden kann. Hier muss dazugesagt werden, dass Netzparität auch nicht als allgemein anwendbarer Begriff verwendet werden kann, sondern in mehrere Stufen zu unterteilen ist, die schon teilweise jetzt erreicht werden konnten. Aktuell befindet sich die österreichische Photovoltaik auf der zweiten Stufe der Netzparität. Diese wurde zwischen 2014–2015 erreicht, da die Stromgestehungskosten der gewerblichen PV auf einen Preis von ca. 10 ct/kWh sanken und somit konkurrenzfähig zu anderen dezentralen Kraftwerken war. Die dritte Stufe der Netzparität ist das Erreichen von Gleichheit mit dem Börsenpreis, der in Österreich in etwa bei 5 ct/kWh liegt. Rückschließend auf die Interviews und auf die

Beantwortung der Frage, was mit Wirtschaftlichkeit überhaupt gemeint sei, ist anzunehmen, dass es diese letzte Stufe der Netzparität ist. Betrachtet man nun die rasante Marktentwicklung, die die PV in den letzten Jahren erlebt hat, ist davon auszugehen, dass auch diese bald erreicht werden wird (Daniel, 2012) (Fallmann et al., 2015) (López und Müller-Pelzer, 2008) (Wirth, 2018).

Bei allen Diskussionen rund um den Förderbedarf für PV darf ein wichtiges dazugehörendes Thema nicht vergessen werden: die Speicherförderung. Im Gegensatz zur doch schon recht weit entwickelten und etablierten Technik der Sonnenstromerzeugung sind effiziente Speichermöglichkeiten für unverwendeten Strom noch immer eine Herausforderung für die ganze Energiebranche. Vor allem für die Deckung des Eigenbedarfs von PV-Überschusseinspeisern stellen Speichermöglichkeiten im eigenen Haus immense Vorteile dar. Statt der üblichen Nutzung von nur 35 – 40 % des eigenen PV-Stroms, besteht durch Speicher die Möglichkeit, fast 70 % des eigenen Stroms zu nutzen (PV-Austria, 2017c). Vor allem der „Verband Erneuerbare Energien Österreich" (E2) sprach sich im Interview immer wieder für Speicherförderungen aus. Durch die kleine Ökostromnovelle wurde hier schon ein erster Schritt gemacht. Von den 15 Mio. Euro Investitionszuschuss pro Jahr (2018 und 2019) werden in etwa 6 Mio. Speichern zugutekommen. Auch im neuen Regierungsprogramm sind Speicherförderungen- und Begünstigungen vorgesehen. Genaue Zahlen beziehungsweise Maßnahmen sind jedoch noch nicht ausformuliert. Daher bleibt offen, wie sehr sich diesem Thema gewidmet werden wird (Österreichische Bundesregierung, 2017) (Fechner et al., 2016).

Nachfolgend werden die Meinungen der interviewten Experten zu möglichen Unterstützungsformen für die PV gegenübergestellt:

Tab. 10 Zusammenfassung der Expertenmeinungen aus den Interviews zu Unterstützungsformen für die PV.

Beibehaltung eines monetären Fördersystems	E2, E6, E7
Steuerliche Begünstigungen & Sonderabschreibungen	E1, E3, E4, E7
Überhaupt keine Unterstützung mehr nötig	E8

4.2.   Ausschreibungen

Die „Leitlinien für staatlichen Umweltschutz- und Energiebeihilfen 2014 – 2020" der Europäischen Kommission sehen vor, dass alle Mitgliedsstaaten technologiespezifische Ausschreibungen in ihre Energiegesetze implementieren (Europäische Kommission, 2014). Die deutsche Bundesregierung begründete die Einführung mit besserer Planbarkeit des festgelegten Ausbaukorridors; mehr Wettbewerb zwischen Analgenbetreibern, um die Kosten des Erneuerbaren-Ausbaus gering zu halten und mit einer hohen Vielfalt von Akteuren unter den Anlagenbetreibern. In der „Integrierten Klima- und Energiestrategie" der neuen Österreichischen Bundesregierung ist ebenfalls geplant, Ausschreibungen einzuführen. Ziel ist es, bedarfsorientierte und kosteneffiziente Ausbaupfade zu erreichen.

Die Regierungen Deutschlands und Dänemarks unterzeichneten im Jahr 2016 ebenfalls eine Kooperationsvereinbarung für die Durchführung einer gemeinsamen Ausschreibungsrunde für PV-Freiflächenanlagen. Grund war eine Vorschrift der Europäischen Union an Deutschland, die besagt, dass fünf Prozent des Ausschreibungsvolumens für andere Mitgliedsstaaten zu öffnen seien. Es war die erste grenzüberschreitende Vereinbarung dieser Art und sollte ein wichtiges Signal für die Bedeutung der EU-weiten Energiezusammenarbeit aussenden. Das Ergebnis fiel für Deutschland jedoch nicht sehr positiv aus, da Dänemark alle Zuschläge bekam. Ebenfalls darf in Dänemark auch auf Flächen gebaut werden, auf denen es in Deutschland gar nicht erlaubt ist und zudem herrschen dort auch bessere steuerliche Rahmenbedingungen, meint der deutsche „Bundesverband Erneuerbare Energie" und wertete das Projekt deswegen als gescheitert: „Solange grenzüberschreitende Ausschreibungen zu solchen Wettbewerbsverzerrungen führen, sind sie nicht geeignet" (vgl. BEE, 2016). Die EU sollte statt zwanghaften Vorgaben eher auf freiwillige Kooperationen setzen, um dadurch bestmögliche Erfahrungen sammeln zu können, wie etwas bestmöglich funktioniert (BEE, 2016) (Katz, 2016).

Die Meinungen zu Ausschreibungen sind jedoch auch allgemein sehr kontrovers, da internationale Erfahrungen gezeigt haben, dass der Erfolg stark von der Ausgestaltung und der Angepasstheit an spezifische marktrechtliche Bedingungen abhängig ist. So wird auch die Einführung in Deutschland kritisch beurteilt. Unsichere Realisierungsraten, erhöhte Projektentwicklungs- und Investitionsrisiken sowie ein hoher Komplexitätsgrad nehmen hier großen Einfluss. Zudem bedarf es Mengen- oder Kostendeckelungen, um Anlagenbetreiber motivieren zu können, an den Ausschreibungsrunden mit den geringen Fördersätzen teilzunehmen. Momentan ist die Einführung des Modells noch zu jung, um genaue Rückschlüsse aus den gemachten Erfahrungen zu ziehen. Es stellt sich jedenfalls die Frage, ob die angestrebten Ziele von mehr Kosteneffizienz, besser koordinierten Ausbaupfaden und gesicherter Akteursvielfalt erreicht werden können (AGORA Energiewende, 2014) (Gawel und Purkus, 2016).

Und auch die interviewten Experten nehmen hier verschiedene Positionen ein. „Wien Energie" (E1) argumentiert beispielsweise damit, dass es wie in Deutschland technologiespezifische Ausschreibungen für Anlagen ab 750 kW geben sollte, um administrativen Aufwand zu verringern. „PV-Austria" meint hingegen, dass Ausschreibungen zu keinem zufriedenstellenden Ausbau führen und bestimmte Energietechnologien anderen gegenüber begünstigt werden. Besonders interessant ist ebenfalls, wie unterschiedlich die Situation in Deutschland bewertet wurde. So meint E7, dass es zu sehr positiven Ergebnissen gekommen sei, da der Förderbedarf gesenkt werden konnte und die Realisierungsrate hoch ist. Hingegen meint E3, dass eben weniger Projekte als geplant gebaut werden konnten, da manche Anlagen so günstig ausgeschrieben wurden und eine Realisierung unwirtschaftlich wurde.

Wie viel Erfolg das System in Deutschland letztendlich bringen wird, wird erst in ein paar Jahren festzustellen sein. Klar ist jedenfalls, dass die Umstellung in Österreich gut durchdacht und mit bestimmten Bedingungen vollzogen werden muss.

Zur besseren Übersicht werden folgend nochmals die Haltungen der Experten zu Ausschreibungen zusammengefasst:

Tab. 11 Zusammenfassung der Befürworter und Gegner von Ausschreibungen für die PV aus den Interviews.

Für Ausschreibungen	E1, E6, E7
Gegen Ausschreibungen	E2, E3, E4, E8

4.3. Anreize und Erleichterungen für PV-Anlagenbetreiber

Die „integrierte Klima- und Energiestrategie" der neuen Bundesregierung sieht vor, „verstärkte dezentrale Energieversorgung zu schaffen und regionale Versorgungskonzepte zu stärken". Gleichzeitig soll die Energieversorgungssicherheit verstärkt und Österreich unabhängiger von Energieimporten werden (Österreichische Bundesregierung, 2017). Das wirft die Frage auf, wie diese Ziele aus Sicht der Photovoltaik bestmöglich erreicht werden können. Denn oft stehen PV-Anlagenbetreibern Hürden im Weg, die eine Etablierung von Dezentralität und einen Beitrag zur Netzstabilität hemmen.

Ein erster wichtiger Schritt in Richtung mehr Dezentralität ist durch die neuen Möglichkeiten der gemeinschaftlich genutzten Erzeugungslage in der „kleinen Ökostromnovelle" entstanden. Durch diese Änderung besteht nun die Chance, immer mehr private Mehrparteienhäuser zur Installation einer PV-Anlage bewegen zu können, was vor allem für den städtischen PV-Anteil einen sehr positiven Schub bedeuten wird. Die Chancen, die sich durch diese Änderung ergeben, wurden offensichtlich auch von der neuen Bundesregierung realisiert. In der „integrierten Klima- und Energiestrategie" ist von einer Anpassung des Wohnrechts die Rede, damit Gebäudesanierungen, Gemeinschafts-Photovoltaik-Anlagen und Ladestationen in Mehrparteienhäusern leichter umgesetzt werden können.

Ein weiterer wichtiger Punkt, um mehr Dezentralität zu erreichen sowie um Kosten einsparen zu können, wäre ein Abbau der vielen bürokratischen Hürden und Auflagen, die Anlagenbetreibern im Weg stehen. Darüber ist sich auch ein Großteil der interviewten Experten einig. Besonders der Anlageninstallateur (E8) sieht hier den größten Handlungsbedarf, um die Photovoltaik erfolgreich ins österreichische Energiesystem integrieren zu können. Folgend werden konkret genannte Punkte aller Experten aufgezählt, die vereinfacht bzw. abgebaut werden sollten:

- Bewilligungsverfahren für PV-Anlagen sollten in allen Bundesländern vereinheitlicht und damit beschleunigt werden. Behördenwege von 6 – 12 Monaten auf 1 – 2 Monate reduzieren. (E1, E3, E4)
- Separate Energiegesetze aller Bundesländer sollten generell wegfallen. (E4)
- Ansuchungs-Verfahren bei Netzbetreibern sollten vereinheitlicht werden. (E1)
- Behördliche Genehmigungen, wie die Betriebsanlagengenehmigung sollten nur mehr für sehr große Anlagen notwendig sein oder ganz wegfallen. Eine Bestätigung des Installateurs sollte ausreichen. (E2, E3)
- Die Eigenverbrauchsabgabe sollte abgeschafft werden. (E4)
- Geeignete Freiflächen sollten mehr genützt werden. (E4)
- Land und Bund sollten keinen Einfluss mehr auf die Bewilligung kleiner und mittlerer PV-Anlagen haben, da alles auf Gemeindeebene regelbar ist. (E8)
- Die R11 (feuerrechtlichen Bestimmungen) sollte abgeschafft werden, da Aufwand und Wirkung in keinem Verhältnis stehen. (E8)

Da das neue Regierungsprogramm in etwa zeitgleich wie die Interviews zu dieser Arbeit entstanden ist, sind ein bis zwei der oben genannten Punkte auch schon explizit angesprochen worden. So soll die „Eigenstromsteuer" zukünftig gestrichen werden, wodurch erhöhte Wirtschaftlichkeit entstehen soll und Förderungen zurückgefahren werden können. Zudem soll es laut dem Interview mit dem BMWFW (E5) zu Vereinheitlichungen der Energiegesetze kommen. Dies war jedoch im Zuge der Recherche nach diesem genauen Punkt noch nicht auffindbar.

Wegen der Ablösung von Großkraftwerken durch immer mehr dezentrale Stromerzeugungsanlagen wird auch das Thema des Erhaltens von Netzstabilität immer wichtiger. Denn Erzeugungsanlagen und Netze müssen „harmonisch" aufeinander abgestimmt werden, um den technischen Herausforderungen eines stabilen Netzbetriebs gerecht werden zu können (Adolph, 2015). Auf die Frage, wie Anreize für PV-Anlagenbetreiber geschaffen werden können, um aktiv an der Netzstabilität mitzuwirken, wurden von vielen der befragten Experten ebenfalls einige interessante Punkte genannt, über die die neue Bundesregierung nachdenken sollte, wenn sie ihre Ziele erreichen möchte. So würden gemeinsam nutzbare dezentrale Speichermöglichkeiten („Ortsnetzspeicher") und eine sinnvolle Förderung dazu, eine Möglichkeit darstellen, Anlagenbetreiber zu motivieren, meinen E2 und E3. Die „OeMAG" (E6) spricht sich für verpflichtende „Smart Meter" statt alten Zählermodellen aus, die Netzbetreiber bei einer effektiveren Planung und einer schnelleren und genaueren Abrechnung unterstützen. Es ist jedoch klar, wie auch E8 betonte, dass in Österreich das Thema Netzstabilität und PV nur dann relevant ist, wenn der mengenmäßige PV-Anteil am gesamten Stromerzeugungsmix mehr als aktuell 1 % beträgt. Außerdem kann ein Beitrag zur Netzstabilität auch nur dann gegeben sein, wenn der erzeugte PV-Strom auch ins Netz eingespeist wird und nicht nur zur hauptsächlichen Eigenversorgung dient.

4.4.   Mindestausbauziele für mehr PV-Anteil

Durch die immense Preisreduktion von Modulkosten und weiterentwickelter und verbesserter Technik, ist die Photovoltaik in den vergangenen Jahren zu einem immer bedeutenderen Energieträger geworden, dessen Potential in Österreich aktuell jedoch nur mit sehr geringem Anteil ausgeschöpft wird. Das wird auch in der wissenschaftlichen Studie „Technologie-Roadmap für Photovoltaik in Österreich" von Fechner et al. deutlich. In dieser werden zwei Szenarien vorgestellt, wie sich Österreichs Energiepolitik bis zum Jahr 2030 bzw. in Folge bis 2050 verhalten kann. Entweder mit „Business as usual" oder mit dem Ziel der „Klimaverpflichtung", anlehnend an das Zwei-Grad-Ziel, welches 2015 bei der Klimakonferenz in Paris beschlossen wurde. Durch das Szenario „Klimaverpflichtung" soll das österreichische Energiesystem im Jahr 2050 weitgehend dekarbonisiert sein. Bis zum Jahr 2030 sollen die Treibhausgas-Emissionen im Energiesektor schon um ca. 60 % sinken sowie 100 % (bilanziell) erneuerbare Stromversorgung erreicht werden. Letzteres Ziel (100 % erneuerbare Stromversorgung) wurde auch schon von offizieller Seite öfter angekündigt: zuerst vom ehemaligen Bundeskanzler Christian Kern und nun auch im neuen Regierungsprogramm in der „integrierten Klima- und Energiestategie". Diesbezüglich hat die neue Bundesregierung also nicht wenig vor, obwohl der erneuerbare Stromanteil in Österreich sogar schon bei 71 % liegt (vorrangig wegen Wasserkraft mit ca. 64 % (2016) am erneuerbaren Stromerzeugungsmix). Trotzdem bedeutet es eine Steigerung von beinahe 30 % in 12 Jahren (Bundesregierung, 2017) (Fechner et al., 2016).

Um solche Szenarien durchführen zu können muss auch immer an die sich verändernden Faktoren gedacht werden, die sich bis 2030 beziehungsweise in späterer Folge 2050 ergeben und den Energiemarkt beeinflussen werden. So wird die Bevölkerungszahl bis 2050 auf etwa 9,5 Mio. anwachsen, das BIP pro Kopf wird sinken und aufgrund von steigender Energieeffizienz, vor allem durch Gebäudedämmung, wird sich der Bruttoinlands-Energiebedarf um ca. 40 % verringern. Jedoch wird es bis 2050 auf der anderen Seite zu einem allgemein höheren Stromverbrauch von über 15 – 20 % kommen (andere Studien gehen sogar von einer Verdoppelung des Stromverbrauchs aus). Hauptgründe für diesen erhöhten Stromverbrauch werden vor allem der Wandel zu immer mehr Elektromobilität sowie der vollständige Ersatz des Erdöls aus der Kunststoffherstellung sein. Ein zusätzlicher treibender Faktor wird außerdem die klimabedingte Temperaturzunahme sein, die zu einem erhöhten Klimatisierungs- und somit Strombedarf führen wird (Fechner et al., 2016).

Um dem Ziel 100 % erneuerbare Stromversorgung nachzukommen, wäre es logischerweise sinnvoll, auch die Photovoltaik als wichtige Stromerzeugungsquelle zu nutzen. Hierfür müsste sie jedoch erheblich wachsen und zwar von den momentan 1,88 % am Gesamtstromaufkommen auf ca. 15,3 % bis 2030 und auf ca. 27 % bis 2050. Um dieses Ziel zu erreichen, müsste der Photovoltaikzubau jedoch auf 600 MW/Jahr bis 2030 und auf 820 MW/Jahr bis 2050 steigen. Fährt man hingegen weiter mit „Business as usual" fort, also mit einem ungefähren Zubau von 150 MW/Jahr, die nicht mal der jetzigen festgelegten Ausbaumenge von 200 MW gerecht werden, wird Österreich das Ziel schon bis 2030 stark verfehlen (Fechner et al., 2016). So sehen das auch die meisten der interviewten Experten. Die „Interessensvertretung Photovoltaic Austria" orientiert sich beispielsweise immer an der höchsten politisch formulierten Ausbaumenge. Diese wurde vom ehemaligen Bundeskanzler Christian Kern mit 13 GW$_p$ bis 2030 festgelegt (ca. 1,1 GW$_p$ im Jahr 2016). Aktuell sind in der „integrierten Klima- und Energiestrategie" noch keine konkreten Ausbauziele enthalten, somit wird sich erst zeigen, wie in dieser Hinsicht fortgefahren wird.

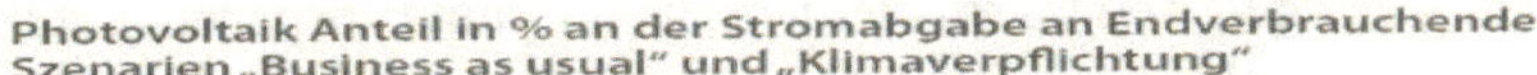

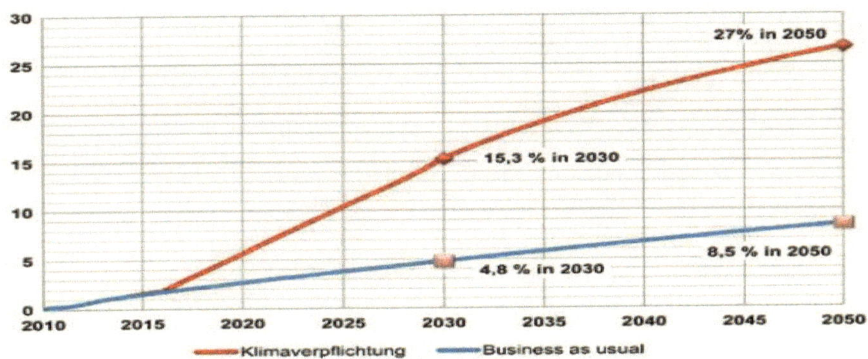

Abb. 9 PV-Anteil im Szenario "Klimaverpflichtung" sowie "Business as usual" (übernommen aus: Fechner et al., 2016).

Wenn ein verstärkter PV-Zubau erreicht werden soll, müssen jedoch auch die Auswirkungen auf das Stromnetz beachtet werden, die durch steigende Dezentralität entstehen können. Denn eine höhere dezentrale Erzeugung hat teils enorme Auswirkungen auf die Netzkostentragung und Systemstabilität und stellt so festgeschriebene Regelungen zur Kostenverursachungsgerechtigkeit beziehungsweise fairen Kostenbelastung der Netzbenutzer in Frage. Dem Erhalt von Netzstabilität ist oben bereits nachgegangen worden. Aber vor allem auch im Bereich der Netznutzungsentgelte ist laut E-Control (2017a) eine angepasste neue Regelung im Elektrizitätswirtschafts- und -organisationsgesetz (ElWOG) notwendig. Denn diese Entgelte, die die Errichtung, den Ausbau, die Instandhaltung und den Betrieb des Netzsystems erstatten sollen, müssen bisweilen ausschließlich von Entnehmern des Netzes pro Zählpunkt entrichtet werden und nicht von Einspeisern, bei denen keine Leistungsmessung vorliegt. Somit profitieren nach dem derzeitigen Entgeltsystem besonders Eigenstromproduzenten auf der Netzebene 7 (Haushaltsnetzebene) davon, dass mit jeder selbst produzierten kWh die eigenen Netzkosten zu Lasten aller Endverbraucher verringert werden. Die Gesamtkosten des Netzbetriebs sinken jedenfalls aufgrund der wechselhaften Erzeugung und des schwankenden Verbrauchs nicht. Teilweise ergeben sich sogar Kostenerhöhungen. Nun stellt sich die Frage, was die bestmögliche Lösung für dieses Problem darstellt. Eine pauschale Kostenbeteiligung durch ins Netz einspeisende Anlagenbetreiber wird von der E-Control als nicht zielführend für die Zukunft betrachtet. Sie empfiehlt hingegen eine durchgehende Leistungsmessung für alle Kunden, da die zur Anwendung kommende Verrechnungsleistung nicht vom reduzierten Verbrauch abhängt. Um diese Leistungsmessung für derzeit nicht leistungsgemessene Einspeiser durchführen zu können, bedarf es jedoch eine Einführung von „Smart Metern" und die Aufgabe des derweil pauschal abgerechneten Tarifs (E-Control, 2017a).

Durch eine flächendeckende Einführung von „Smart Metern" kann es aufgrund exakter Messungen zu vermehrten Nachverrechnungen und Netzbereitstellungsentgelten für Haushalte kommen. Dies entspricht jedoch nicht dem Grundsatz der Verursachergerechtigkeit, da durch die Einführung der „Smart Meter" per se, keine Kosten entstehen. Aus diesem Grund besteht hier Handlungsbedarf. Um spätere Nachverrechnungen vermeiden zu können, schlägt die E-Control (2017a) vor, eine Ausweitung des Netzzutrittsentgeltes um einen pauschalierten Anteil zu erhöhen. Es wäre zu den tatsächlich aufwandsorientierten Kosten für den Netzzutritt ein allumfassendes und anschlussleistungsbezogenes Entgelt zu entrichten. Auch einspeisende Stromproduzenten sollten neben den direkten Anschlusskosten, wie etwa für eine PV-Anlage, pauschale Entgelte bezahlen. Jedoch könnte dieses Entgelt reduziert werden, wenn die Einspeisung auf die Bedürfnisse des Netzbetriebs flexibel reagieren könnte und somit einen weiteren Netzausbau vermeiden (E-Control, 2017a).

5. SCHLUSSFOLGERUNG UND HANDLUNGSEMPFEHLUNG

Die vielen differenzierten Meinungen der interviewten Experten zeigen, dass die Integration der Photovoltaik in das österreichische Energiesystem kein leicht vorzunehmender Schritt ist. Vor allem in Bezug auf ein optimales Fördersystem spalten sich die Ansichten stark. Das zeigt, dass hier pauschale und überstürzte Beschlüsse seitens der Politik nicht der richtige Weg sind. Durch die bevorstehende Ablösung der Einspeisevergütungen durch Marktprämien werden PV-Anlagenbetreiber zukünftig auf jeden Fall eine neue Herausforderung zu bewältigen haben. Durch aktuell noch ungenaue und unklare Formulierungen im neuen Regierungsprogramm steht noch im Raum, wie diese letztendlich im Ökostromgesetz in einer großen Ökostromnovelle integriert werden. Entweder ersetzen sie das alte System komplett, oder sie werden nur ab einer bestimmten Anlagengröße eingeführt. Wichtig wäre hier vor allem, bereits bestehenden Anlagenbetreibern sowie auch Betreibern von gerade im Bau befindlichen Anlagen möglichst bald Auskunft darüber zu geben, was sie mit der Einführung des neuen Fördersystems erwartet. Um Unsicherheiten bei diesen zu vermeiden, wäre es zudem auch ratsam das neue Fördersystem nur für Neuanlagen geltend zu machen, so wie es auch in Deutschland der Fall war.

Um Fördervergaben effizienter gestalten zu können, wäre eine Unterteilung in Volleinspeiser und Überschusseinspeiser eine Änderungsmöglichkeit, die in einer zukünftigen Ökostromnovelle angedacht werden könnte. So könnten etwa an Überschusseinspeiser nur mehr Investitionszuschüsse für den Bau der Anlage vergeben werden, da bei diesen der Fokus erstrangig sowieso auf Eigenversorgung liegt. Durch eine solche Maßnahme könnten so mehr Tarifförderungskontingente für Volleinspeiser übrigbleiben. Es gilt jedoch zu beachten, dass es dadurch wiederum zum Bau kleinerer Anlagen bei Überschusseinspeisern führen könnte, da ohne Förderung der Anreiz wegfällt ins Netz einzuspeisen. Deswegen sollte die Politik zuvor überlegen, welches Ziel angestrebt werden soll. Enorm wichtig für den Eigenversorgungsbetrieb wäre jedenfalls eine sinnvolle Speicherförderung für eigene Stromspeicher. So könnten PV-Anlagenbetreiber statt den 35 – 40 % fast 70 % des eigenen Strombedarfs decken. Durch die kleine Ökostromnovelle ist hier schon ein erster richtiger Schritt gesetzt worden.

Die im neuen Regierungsprogramm angekündigte Einführung von Ausschreibungen muss aufgrund der sehr unterschiedlichen Ansichten aller interviewten Experten sehr kritisch betrachtet werden, da diese einer Integration der PV in Österreich auch mehr schaden als nutzen könnte. Hier wäre es ebenfalls ratsam, keine pauschalen und überstürzten Beschlüsse zu fassen, sondern aus den Fehlern und Erfolgen anderer Länder zu lernen. Zudem sind Ausschreibungen erst ab einer gewissen Anlagengröße sinnvoll, da sich der administrative Aufwand ansonsten nicht lohnen würde. Im Fall von grenzüberschreitenden Ausschreibungen, sollte besonderes Augenmerk auf gleiche Startbedingungen zwischen Ländern gelegt werden, da es ansonsten zu benachteiligenden Verhältnissen und Wettbewerbsverzerrungen kommen kann.

Um Anreize und Erleichterungen für zukünftige PV-Anlagenbetreiber schaffen zu können, sollte dem Abbau bürokratischer Hürden ein besonders großer Fokus gewidmet werden. Diese haben zumeist eine stark hemmende und verzögernde Wirkung auf den PV-Zubau und erschweren damit unnötigerweise eine Integration ins erneuerbare Energiesystem. Hier wäre es sinnvoll, eine Anhörung der verschiedensten Interessensgruppen der Energie- und PV-Branche durchzuführen, da so gut wie in allen Bereichen der Branche Vereinfachungs- und Kürzungspotenzial besteht.

Im Hinblick auf das ambitionierte Ziel der neuen Bundesregierung bis zum Jahr 2030 100 % Stromerzeugung aus erneuerbaren Energien zu erreichen, wird es sehr wichtig bis fast unumgänglich sein, den Photovoltaikanteil am Stromerzeugungsmix stark wachsen zu lassen. Hierfür bedarf es jedoch strikter jährlicher Ausbauziele, die auch sorgfältig eingehalten und immer wieder überprüft werden müssen. Konkret müssten, stützend auf die Studie „Technologie-Roadmap für Photovoltaik in Österreich" von Fechner et al., mindestens 600 MW/Jahr ab sofortigem Zeitpunkt ausgebaut werden, um die Ziele der „Integrierten Klima- und Energiestrategie" erreichen zu können. Da es aktuell jedoch noch keine Pläne für eine große Ökostromnovelle und somit einer Änderung der Ausbauziele gibt, wird der zu erreichende Mindestausbau pro Jahr noch weiter ansteigen, je näher das Jahr 2030 rückt. Es ist fraglich, ob es daher realistisch ist, den Zielen von 100 % erneuerbarer Stromerzeugung bis 2030 viel Glauben schenken zu können, da der allgemeine Strombedarf in Österreich ebenfalls zunehmen wird.

Fest steht jedenfalls, dass aufgrund steigender Dezentralität durch PV-Anlagen auch Netzfragen sicherlich eine immer größere Rolle spielen werden. Dadurch werden auch Anpassungen im ElWOG notwendig sein, damit sowohl Netzstabilität gewährleistet, als auch Regelungen zur Kostenverursachungsgerechtigkeit und fairen Kostenbelastung der Netzbenutzer weiterhin eingehalten werden können. Hier wird es wichtig sein, dass die Politik rechtzeitig reagiert und konkret sinnvolle Maßnahmen setzt.

Abschließend lässt sich sagen, dass das angestrebte Ziel der vorliegenden Arbeit eingehalten werden konnte. Es wurde verdeutlicht, warum die Photovoltaik eindeutig mehr ins erneuerbare Energiesystem in Österreich integriert werden sollte. Außerdem wurden verschiedenste Möglichkeiten aufgezeigt, wie eine solche Integration durchführbar wäre. Aktuell lässt sich allerdings noch keine eindeutige Optimalvariante voraussagen. Da sich die Meinungen der interviewten Experten in den meisten Fragen immer wieder stärker widersprachen, hat sich ein differenziertes Meinungsbild ergeben, welches möglicherweise genau auf das „Dilemma" in der PV-Branche hindeutet. Wahrscheinlich wäre es am sinnvollsten, eine Mischung der Varianten zu verfolgen und bei der Ausformulierung einer „großen Ökostromnovelle" alle Interessensgruppen miteinzubinden.

Literaturverzeichnis

Adolph, K., 2015. Energiewende: Netzstabilität mit dezentralen Anlagen. Berlin: co2online. Verfügbar in: https://www.co2online.de/klima-schuetzen/energiewende/netzstabilitaet-mit-erneuerbaren-energien/ [Abfrage am: 10.02.2018].

AGORA Energiewende, 2014. Ausschreibungen für Erneuerbare Energien – Welche Fragen sind zu prüfen?. Berlin: AGORA Energiewende.

Batlle, C.; Pérez-Arriaga, L. J. und Zambrano-Barragán, P., 2011. Regulatory design for RES-E support mechanisms: Learning curves, market structure, and burden-sharing. Energy Policy. 41. 212-220.

Beste, M., 2016. Wirkungsgrad von Solarmodulen im Vergleich. Hamburg: energie-experten.org Verfügbar in: https://www.energieexperten.org/erneuerbare-energien/photovoltaik/solarmodule/wirkungsgrad.html [Abfrage am: 10.02.2018].

Biermayr, P.; Eberl, M.; Enigl, M.; Fechner, H.; Kristöfel, C.; Leonhartsberger, K.; Maringer, F.; Moidl, S.; Schmidl, C.; Strasser, C.; Weiss, W. und Wopienka, E., 2015. Innovative Energietechnologien in Österreich Marktentwicklung 2014. Wien: BMVIT.

Biermayr, P.; Dißauer, C.; Eberl, M.; Enigl, M.; Fechner, H.; Leonhartsberger, K.; Maringer, F.; Moidl, S.; Schmidl, C.; Strasser, C.; Weiss, W.; Wonisch, P. und Wopienka, E., 2017. Innovative Energietechnologien in Österreich Marktentwicklung 2016. Wien: BMVIT.

Bundesministerium für Finanzen (BMF), 2014. Steuerliche Beurteilung von Photovoltaikanlagen. Wien: BMF. Verfügbar in: https://findok.bmf.gv.at/findok?execution=e1s1 [Abfrage am: 10.02.2018].

Bundesministerium für Wissenschaft, Forschung und Wirtschaft (BMWFW), 2017. Mehr Sonnenstrom für Österreich – Neuerungen der „kleinen Ökostromnovelle". Wien: BMWFW.

Bundesministerium für Wirtschaft und Energie (BMWI), 2017a. Erneuerbare Energien. Berlin: BMWI. Verfügbar in: http://www.bmwi.de/Redaktion/DE/Dossier/erneuerbare-energien.html [Abfrage am: 04.01.2018].

Bundesministerium für Wirtschaft und Energie (BMWI), 2017b. Fragen und Antworten zum EEG 2017. Berlin: BMWI.

Bundesverband Erneuerbare Energie e. V. (BEE), 2016. Verzerrter Wettbewerb bei erster grenzüberschreitender Ausschreibung. Berlin: BEE. Verfügbar in: [Abfrage am: 10.01.2018].

Bundesverband PHOTOVOLTAIC AUSTRIA (PV-Austria), 2017a. Die österreichische Photovoltaik Branche in Zahlen. Wien: PV-Austria.

Bundesverband PHOTOVOLTAIC AUSTRIA (PV-Austria), 2017b. Photovoltaik-Förderung in Österreich. Wien: PV-Austria. Verfügbar in: http://www.pvaustria.at/forderungen/ [Abfrage am: 26.11.2017].

Bundesverband PHOTOVOLTAIC AUSTRIA (PV-Austria), 2017c. Stromspeicher. Wien: PV-Austria. Verfügbar in: http://www.pvaustria.at/pv-speicher/ [Abfrage am: 10.02.2018].

Daniel, C.; 2012. Stell dir vor es ist Netzparität und keiner geht hin. Wien: ÖkoEnergieBlog. Verfügbar in: http://www.oekoenergieblog.at/2012/11/stell-dir-vor-es-ist-netzparitat-und-keiner-geht-hin/ [Abfrage am: 29.01.2018].

Energie-Control Austria für die Regulierung der Elektrizitäts- und Erdgaswirtschaft (E-Control), s.a. . Das Ökostrom-Fördersystem. Wien: E-Control. Verfügbar in: https://www.e-control.at/marktteilnehmer/oeko-energie/oekostrom-foerdersystem [Abfrage am: 28.11.2017].

Energie-Control Austria für die Regulierung der Elektrizitäts- und Erdgaswirtschaft (E-Control), 2017a. „Tarife 2.0" – Weiterentwicklung der Netzentgeltstruktur für den Stromnetzbereich. Wien: E-Control.

Energie-Control Austria für die Regulierung der Elektrizitäts- und Erdgaswirtschaft (E-Control), 2017b. Ökostrombericht 2017. Wien: E-Control.

Europäische Kommission, 2014. Mitteilung der Kommission – Leitlinien für staatliche Umweltschutz- und Energiebeihilfen. Brüssel: Amtsblatt der Europäischen Union.

Fallmann, K.; Gallauner, T.; Gössl, M. und Stix, S., 2015. Subventionen und Kosten für Energie – Kommentare zum Ecofys-Bericht 2015. Wien: Umweltbundesamt.

Fechner, H.; Mayr, R.; Schneider, A.; Rennhofer, M. und Peharz, G., 2016. Technologie-Roadmap für Photovoltaik in Österreich - Besondere Berücksichtigung der Auswirkung auf die Bereiche Gebäude/Städte Industrie Energieinfrastrukturen. Wien: BMVIT.

Fouquet, D. und Johansson, T. B., 2008. European renewable energy policy at crossroads – Focus on electricity support mechanisms. Energy Policy, 36, 4079–4092.

Frenz, W., 2014. PV-Freiflächenanlagen nach dem EEG 2014. Natur und Recht, 36 (11), 768-773.

Gawel, E. und Purkus, A., 2012. Die Marktprämie im EEG 2012: Ein sinnvoller Beitrag zur Markt- und Systemintegration erneuerbarer Energien?. Zeitschrift für Energiewirtschaft, 37 (1), 43-61.

Gawel, E. und Lehmann, P., 2014. Die Förderung der erneuerbaren Energien nach der EEG-Reform 2014. Wirtschaftsdienst, 94 (9), 651-658.

Gawel, E. und Purkus, A., 2016. EEG 2017 – Mehr Markt bei der Erneuerbaren-Energien-Förderung?. Wirtschaftsdienst, 96 (12), 910-915.

Häder, M., 2014. Fördermodelle für die regenerative Stromerzeugung in der EU – ein Überblick. Energiewirtschaftliche Tagesfragen, 64 (5), 08–11.

Hartl, R., 2017. Förderung von Strom aus Photovoltaik in Deutschland durch das EEG (Einspeisevergütung). Passau: Photovoltaik-Förderung.net. Verfügbar in: https://www.photovoltaik-foerderung.net/foerderung-eeg.html [Abfrage am: 31.01.2018].

Held, A.; Ragwitz, M.; Gephart, M.; De Visser, E. und Klessmann, C., 2014. Design features of support schemes for renewable electricity. Utrecht: ECOFYS.

IG Windkraft, 2015. Vergleich der Fördersysteme für erneuerbare Energien: Quotensysteme, Ausschreibungen, Einspeisetarife/-prämien und Investitionsförderungen im internationalen Vergleich. Wien: IG Windkraft.

International Energy Agency (IEA), 2012. World Energy Outlook 2012 – German translation. Paris: IEA Publications.

International Energy Agency (IEA), 2016. World Energy Outlook 2016 – Zusammenfassung German translation. Paris: IEA Publications.

Internationales Wirtschaftsforum Regenerative Energien (IWR), 2017. Photovoltaik Markt in Deutschland. Münster: IWR. Verfügbar in: http://www.solarbranche.de/ausbau/deutschland/photovoltaik [Abfrage am: 04.01.2018].

Katz, B., 2016. Deutschland und Dänemark starten gemeinsame Ausschreibungen für Solarparks. Münster: Stromauskunft.de. Verfügbar in:

https://www.stromauskunft.de/service/energienachrichten/11448043.deutschland-und-daenemark-starten-gemeinsame-ausschreibungen-fuer-solarparks/ [Abfrage am: 10.02.2017].

Klima- und Energiefonds (KLIEN), 2017. Jahresprogramm 2017 des Klima- und Energiefonds. Wien: Klima- und Energiefonds.

Kronberger, H., 2012. Geht uns aus der Sonne – Die Zukunft hat begonnen. 2. aktualisierte Aufl. Wien: Uranus Verlagsges.m.b.H..

López, A. R. und Müller-Pelzer, F., 2008. Photovoltaik- auf dem Weg zur Netzparität. UmweltWirtschaftsForum, 16 (3), 137–141.

Österreichische Bundesregierung, 2017. Zusammen für unser Österreich – Regierungsprogramm 2017-2022. Wien: Bundeskanzleramt Österreich.

Oesterreichs Energie, 2017. Stromerzeugungsmix in Österreich 2016. Wien: Verein „Österreichs E-Wirtschaft".

Ökostromgesetz 2012 (ÖSG 2012), 2012. § 4 ÖSG 2012 Ziele, Abs. 3 & 4.

Phillips, T., 2017. China builds world's biggest solar farm in journey to become green superpower. London: The Guardian. Verfügbar in: https://www.theguardian.com/environment/2017/jan/19/china-builds-worlds-biggest-solar-farm-in-journey-to-become-green-superpower [Abfrage am: 29.12.2017].

Pieper, T. C., s.a. Kosten-Potential-Kurve. Jülich: Forschungszentrum Jülich GmbH. Verfügbar in: https://www.enargus.de/pub/bscw.cgi/d3453635-2/*/*/Kosten-Potenzial-Kurve.html?op=Wiki.getwiki [Abfrage am: 03.01.2018].

Ragwitz, M.; Held, A.; Resch, G.; Huber, C. und Haas, R., 2006. Monitoring und Bewertung der Förderinstrumente für Erneuerbare Energien in EU Mitgliedstaaten. Karlsruhe: Fraunhofer Institut für System- und Innovationsforschung.

Stromliste, 2017. Staatliche Bundesförderungen für Photovoltaik-Anlagen in Österreich. Wien: Selectra Österreich. Verfügbar in: https://stromliste.at/nuetzliche-infos/pv-anlagen/foerderung [Abfrage am: 26.11.2017].

VGB PowerTech e.V., s.a. Levelised Cost of Electricity LCOE 2015. Essen: VGB PowerTech e.V.

Vogtmann, M., 2016. Direktvermarktung von PV-Strom – Antworten auf die 11 wichtigsten Fragen. Sonnenenergie, 4, 26-28.

Wesseleak, V.; Schabbach, T.; Link, T. und Fischer, J., 2013. Regenerative Energietechnik. 2. aktualisierte Aufl. Berlin Heidelberg: Springer Vieweg.

Wirth, H., 2017. Aktuelle Fakten zur Photovoltaik in Deutschland. Freiburg: Fraunhofer ISE.

Wirth, H., 2018. Aktuelle Fakten zur Photovoltaik in Deutschland. Freiburg: Fraunhofer ISE.

Abbildungsverzeichnis

Abb. 1: Fechner, H.; Mayr, R.; Schneider, A.; Rennhofer, M. und Peharz, G., 2016. Technologie-Roadmap für Photovoltaik in Österreich - Besondere Berücksichtigung der Auswirkung auf die Bereiche Gebäude/Städte Industrie Energieinfrastrukturen. Wien: BMVIT.

Abb. 2: Oesterreichs-Energie, 2017. Stromerzeugungsmix in Österreich 2016. Wien: Verein „Österreichs E-Wirtschaft".

Abb. 3: Biermayr, P.; Eberl, M.; Enigl, M.; Fechner, H.; Kristöfel, C.; Leonhartsberger, K.; Maringer, F.; Moidl, S.; Schmidl, C.; Strasser, C.; Weiss, W. und Wopienka, E., 2016. Innovative Energietechnologien in Österreich Marktentwicklung 2015. Wien: BMVIT.

UND: Bundesverband PHOTOVOLTAIC AUSTRIA (PV-Austria), 2016. Entwicklung der Photovoltaik in Österreich. Wien: PV-Austria.

Abb. 4: Wirth, H., 2018. Aktuelle Fakten zur Photovoltaik in Deutschland. Freiburg: Fraunhofer ISE.

Abb. 5: Energie-Control Austria für die Regulierung der Elektrizitäts- und Erdgaswirtschaft (E-Control), 2017. Ökostrombericht 2017. Wien: E-Control.

Abb. 6: Energie-Control Austria für die Regulierung der Elektrizitäts- und Erdgaswirtschaft (E-Control), s.a. . Das Ökostrom-Fördersystem. Wien: E-Control. Verfügbar in: https://www.e-control.at/marktteilnehmer/oeko-energie/oekostrom-foerdersystem [Abfrage am: 28.11.2017].

Abb. 7: Bundesministerium für Wirtschaft und Energie (BMWI), 2017a. Erneuerbare Energien. Berlin: BMWI. Verfügbar in: http://www.bmwi.de/Redaktion/DE/Dossier/erneuerbare-energien.html [Abfrage am: 04.01.2018].

Abb. 8: Internationales Wirtschaftsforum Regenerative Energien (IWR), 2017. Photovoltaik Markt in Deutschland. Münster: IWR. Verfügbar in: http://www.solarbranche.de/ausbau/deutschland/photovoltaik [Abfrage am: 04.01.2018].

Abb. 9: Fechner, H.; Mayr, R.; Schneider, A.; Rennhofer, M. und Peharz, G., 2016. Technologie-Roadmap für Photovoltaik in Österreich - Besondere Berücksichtigung der Auswirkung auf die Bereiche Gebäude/Städte Industrie Energieinfrastrukturen. Wien: BMVIT.

Tabellenverzeichnis

Anhang

EXPERTE #1: ENERGIEUNTERNEHMEN WIEN ENERGIE

1. **Wie ist aus Ihrer Sicht der Stand der aktuellen Entwicklungen im Hinblick auf die Photovoltaik und ihre Möglichkeiten?**

- *BIPV wird derzeit recht intensiv Vorangetrieben – die Herausforderung ist hier die Wirtschaftlichkeit. Damit BIPV in Zukunft realisiert werden kann, müssen Architekten bereits in der Entwurfsphase darauf Rücksicht nehmen.*

- *Gemeinschaftlich genutzte Erzeugungsanlagen: wird v.a. im urbanen Bereich stark zunehmen und in der Ausprägung von Modellen sind die Betreiber gefordert.*

2. **Was wünschen Sie sich für das ÖSG und welche Eckpunkte müssen darin verankert sein, um die Photovoltaik besser ins erneuerbare Energiesystem integrieren zu können?**

Wesentlich wird die Sicherung eines ambitionierten Ausbaupfades. Im Detail schlägt Wien Energie eine Unterscheidung zwischen Anlagen mit Volleinspeisung und Überschusseinspeisung vor. Volleinspeiser sollen über eine fixe Prämie auf den Marktpreis, Überschusseinspeiser über eine Investitionsförderung, die mit 40 % gedeckelt ist, gefördert werden. Für Anlagen ab 750 kW soll eine Ausschreibung erfolgen.

3. **Soll im ÖSG ein Mindestausbauziel bzw. ein jährliches Ausbauvolumen für Photovoltaik enthalten sein?**

Ja.

4. **Was halten Sie von mengenorientierten Fördersystemen, wie Ausschreibungen oder Quoten?**

Entsprechende Ausschreibungen für PV sollten aufgrund des administrativen Aufwands nur für Anlagen größer 750kW erfolgen. Bei einer ausreichenden Dotierung können technologiespezifische Ausschreibungen

5. **Was muss im ÖSG verankert sein, damit PV-Anlagenbetreiber einen Anreiz haben aktiv an der Netzstabilität mitzuwirken?**

- *Der Eigennutzungsgrad bei Überschusseinspeisungen muss ein Kriterium sein, jedoch in Form einer kaufmännisch attraktiven Version.*

- *Und damit große Volleinspeiseanlagen weiterhin ausgebaut werden, muss eine Regulier-Funktion durch den jeweiligen Netzbetreiber vorhanden sein, die jedoch die Wirtschaftlichkeit nicht negativ beeinflusst.*

6. **Was halten Sie von steuerlichen Begünstigungen bzw. Sonderabschreibungen für PV-Anlagen?**

Ist wünschenswert

7. **In welchen Bereichen wäre es möglich bürokratische Hürden und Auflagen zu reduzieren, um dadurch sowohl mehr Effizienz in der Abwicklung, als auch Klarheit bei den Anlagenbetreibern zu schaffen?**

- *Vereinheitlichung, Entbürokratisierung und damit Beschleunigung von Bewilligungsverfahren*

- *Ansuch-verfahren bei Netzbetreiber vereinheitlichen.*

8. Sind Sie, ganz grundsätzlich betrachtet, für eine Änderung des Gesamtenergiesystems (z.B. CO2 Steuer) oder sind Sie für die Beibehaltung und Optimierung unseres jetzigen Systems?

Prinzipiell sollte das ETS System angepasst werden, sodass CO2-Preise ein wirksames Preissignal für Energieeinsparungen und Investitionen in effiziente/erneuerbare Energien setzen. Dies ist aufgrund der europäischen Dimension gegenüber einer CO2 Steuer eindeutig zu bevorzugen.

EXPERTE #2: DER VERBAND ERNEUERBARE ENERGIEN ÖSTERREICH

1. **Wie ist aus Ihrer Sicht der Stand der aktuellen Entwicklungen im Hinblick auf die Photovoltaik und ihre Möglichkeiten?**

Mittel- und langfristig ist die PV die wichtigste Quelle von Erneuerbarem Strom. Derzeit fehlen noch die wichtigsten Unterstützungsfaktoren, nämlich Mikronetze und Speicher

2. **Was wünschen Sie sich für das ÖSG und welche Eckpunkte müssen darin verankert sein, um die Photovoltaik besser ins erneuerbare Energiesystem integrieren zu können?**
3. **Soll im ÖSG ein Mindestausbauziel bzw. ein jährliches Ausbauvolumen für Photovoltaik enthalten sein?**

Ja, aber mit den oben erwähnten Unterstützungen.

4. **Was halten Sie von mengenorientierten Fördersystemen, wie Ausschreibungen oder Quoten?**

Ausschreibungen wären nur beim Vorhandensein vieler Großflächen sinnvoll, die haben wir in Österreich nicht. Quoten sind die 2. Beste Lösung. Die Wirtschaftlichkeit muss hergestellt werden.

5. **Was muss im ÖSG verankert sein, damit PV-Anlagenbetreiber einen Anreiz haben aktiv an der Netzstabilität mitzuwirken?**

Eine sinnvolle Speicherförderung

6. **Was halten Sie von steuerlichen Begünstigungen bzw. Sonderabschreibungen für PV-Anlagen?**

Nichts.

7. **In welchen Bereichen wäre es möglich bürokratische Hürden und Auflagen zu reduzieren, um dadurch sowohl mehr Effizienz in der Abwicklung, als auch Klarheit bei den Anlagenbetreibern zu schaffen?**

Behördliche Genehmigungen sollten nur für sehr große Anlagen notwendig sein, sonst sollte eine Bestätigung des Installateurs über die Einhaltung der Normen genügen.

8. **Sind Sie, ganz grundsätzlich betrachtet, für eine Änderung des Gesamtenergiesystems (z.B. CO2 Steuer) oder sind Sie für die Beibehaltung und Optimierung unseres jetzigen Systems?**

CO2-Steuer wäre optimal, weil sie auch Anreize zur Effizienz schaffen würde.

EXPERTE #3: SOLARENERGIEBERATUNGSUNTERNEHMEN DACHGOLD E.U.

1. Wie ist aus Ihrer Sicht der Stand der aktuellen Entwicklungen im Hinblick auf die Photovoltaik und ihre Möglichkeiten?

Die Möglichkeiten wären unendlich groß, aber in Österreich wird die Technologie künstlich klein gehalten. Die einzige Aufgabe der Politik wäre es alle Hindernisse der Photovoltaik aus dem Weg zu räumen, dann bräuchte es auch keine Förderungen mehr. Das derzeitige Stromverrechnungssystem gekoppelt mit Dumpingpreisen am Strommarkt und indirekte Förderungen des alten Systems bedingen derzeit noch Förderungen, die aber nicht das effizienteste Mittel der Entwicklung sind.

Der einzige Hemmschuh der die Photovoltaik noch daran hindert durch die Decke zu gehen, sind die hohen Fixkosten im Strompreis, hier wäre es sehr wichtig wieder einen höheren variablen Anteil zu fixieren. Die Energieversorger und Netzbetreiber tun alles dafür, dass die PV noch möglichst lange klein gehalten wird.

2. Was wünschen Sie sich für das ÖSG und welche Eckpunkte müssen darin verankert sein, um die Photovoltaik besser ins erneuerbare Energiesystem integrieren zu können?

Solare Baupflicht für jedes öffentliche Gebäude – Der Staat muss vorangehen und kann am leichtesten langfristige Investitionen tätigen und der Strom vom Dach ist mittlerweile günstiger als jener vom Netz. Das einzige Problem für Privatinvestoren sind die Kapitalkosten. Da der Staat quasi keine Kapitalkosten hat wäre hier eine wichtige Massnahme.

Wichtigster Teil des ÖSG muss aber sein, dass ein ungebremster Ausbau ermöglicht wird. Jede Form des Deckels hindert den Ausbau und die Investitionssicherheit. Jedes restriktive Fördersystem ist aber schlechter als ein System ohne Förderung. Also wenn ein gedeckeltes Fördersystem kommen soll, dann besser gar keine Förderung.

Grundsätzlich sollten im ÖSG die unterschiedlichen Anwendungsformen unterschieden werden. Eigenverbrauchsanlagen in Haushalten und Industrie und Freiflächenanalgen die reine Kraftwerksaufgabe übernehmen.

Für Eigenverbrauchsanlagen bräuchte es keine Förderung mehr, wenn der gesamte Strompreis ersetzt werden könnte und keine Dumpingpreise am Markt herrschen wie derzeit. Hierzu braucht es aber Änderungen bei den Tarifen. Die eingesparten Förderungen könnten wiederum in Infrastruktur wie Netze investiert werden, da ein Ausbau der Photovoltaik gesamtgesellschaftlichen Nutzen stiftet und daher Infrastrukturkosten sein sollten und nicht umgelegte Kosten auf den Strompreis.

Freiflächenanlagen sollten kontrolliert wieder aufgenommen werden, da es ganz ohne Freiflächenanlagen nicht gehen wird. Hierzu wäre es wichtig in jeder Gemeinde einen 1-5% Satz der Flächen verpflichtend als Energiewidmungsflächen angeben zu müssen. Diese Flächen sollten dann den Bürgern für Bürgerkraftwerke zur Verfügung stehen. Für diese Projekte braucht es jedoch planbare Einspeisetarife, die jedoch mittlerweile sehr gering sein würden von 5-6 ct/kWh, da Großflächenanlagen bereits sehr günstig gebaut werden können.

Speicherthematik Ortsnetzspeicher

Anreize für Teilnahme am Regelenergiemarkt

Möglichkeit für Großflächenanlagen in Form von Energiewidmungen in Gemeinden.

Unterschied Eigenverbrauchsanlagen - Benefit

Großer Kostenpunkt bei den Anlagen sind noch immer die Behördenwege, hier brauch es dringend Vereinfachungen, dann kann die Förderung zurückgefahren werden.

Netzbetreiber tun aber derzeit ihr Möglichstes um genau das zu verhindern

3. Soll im ÖSG ein Mindestausbauziel bzw. ein jährliches Ausbauvolumen für Photovoltaik enthalten sein?

Das ÖSG muss so gestaltet sein, dass das so niedrige jährliche Ausbauvolumen von 150 MW_p/Jahr auf mindestens 300-500 MW_p wachsen kann und langfristig 1000 MW_p/Jahr möglich sind. Nur so können die Ziele bis 2030 erreicht werden.

4. Was halten Sie von mengenorientierten Fördersystemen, wie Ausschreibungen oder Quoten?

Von Ausschreibungen halte im Sinne der Bürgerenergiewende nicht viel. In Deutschland hat man sehr gut gesehen, dass Ausschreibungen vor allem Großinvestoren und Energieversorger begünstigen. Diese haben wiederum kein großes Eigeninteresse an einem raschen Ausbau weshalb viele Projekte zwar zu vermeintlich günstigen Preisen ausgeschrieben wurden, dann aber nicht gebaut werden konnten weil der Preis zu niedrig war. Für Bürgerbeteiligungen eignen sich Ausschreibungen auch nicht, weil die Investitionssicherheit nicht gegeben ist. Besser wäre eben ein sich halbjährlich anpassendes Modell mit Einspeisetarifen und „atmenden Deckel" je nachdem ob die Förderungen abgeholt werden.

5. Was muss im ÖSG verankert sein, damit PV-Anlagenbetreiber einen Anreiz haben aktiv an der Netzstabilität mitzuwirken?

Sehr viel mehr also von Förderungen. Wie oben erwähnt.

6. Was halten Sie von steuerlichen Begünstigungen bzw. Sonderabschreibungen für PV-Anlagen?

Sehr viel mehr also von Förderungen. Wie oben erwähnt.

7. In welchen Bereichen wäre es möglich bürokratische Hürden und Auflagen zu reduzieren, um dadurch sowohl mehr Effizienz in der Abwicklung, als auch Klarheit bei den Anlagenbetreibern zu schaffen?

Gesetzliche Verankerung der Betriebsanlagengenehmigungsbefreiung nach dem Vorbild in Österreich. Auch die aktuelle Änderung hat keine Verbesserung gebracht, weil sich die BHs nicht an die Regelung halten.

Ziel muss es sein die Behördenwege von 6-12 Monaten auf 1-2 Monate zu reduzieren.

Wichtig sind auch planbare Rahmenbedigungen die nicht jährliche Änderungen bedeuten.

8. Sind Sie, ganz grundsätzlich betrachtet, für eine Änderung des Gesamtenergiesystems (z.B. CO2 Steuer) oder sind Sie für die Beibehaltung und Optimierung unseres jetzigen Systems?

Eine CO2 Steuer wäre natürlich die einfachste Form die Photovoltaik und auch die Solarthermie völlig Förderfrei zu machen. Leider ist das politisch derzeit nicht wirklich absehbar.

EXPERTE #4: BUNDESVERBAND PHOTOVOLTAIC AUSTRIA

1. Wie ist aus Ihrer Sicht der Stand der aktuellen Entwicklungen im Hinblick auf die Photovoltaik und ihre Möglichkeiten?

Die PV hat eine in den letzten Jahren eine dramatische Entwicklung erfahren, die nicht vorhersehbar war

-Preisreduktion zwischen 2008 und 2015 → 68%

-PV von relativ teurer Technik auf dem Weg zur kostengünstigsten Stromerzeugungstechnik. Der Beginn war in Europa, asiatische Staaten, China aber auch Indien haben die Chance genutzt und Ruder in der Weltproduktion übernommen (zw. 2012 – 2015).

2. Was wünschen Sie sich für das ÖSG und welche Eckpunkte müssen darin verankert sein, um die Photovoltaik besser ins erneuerbare Energiesystem integrieren zu können?

-Fürs das ÖSG die Parameter so zu setzen, dass die Marktfähigkeit von PV-Strom in den nächsten 8-10 Jahren zu erreichen ist. → Ohne Förderungen auskommen. Das kann auf verschiedenen Ebenen passieren. Einerseits über steuerliche Leitmaßnahmen, andererseits über Investitionen in diese Technik. Dritte Möglichkeit ist, die derzeit privilegierten fossilen und nuklearen Strom-Produzenten nach einem Vollpreissystem (Internalisierung externer Folgekosten) abzurechnen.

3. Soll im ÖSG ein Mindestausbauziel bzw. ein jährliches Ausbauvolumen für Photovoltaik enthalten sein?

Ja. Nicht entscheidend Ausbauziele festzulegen. Diese dienen zwar zur Orientierung, entscheidend ist das grundsätzliche Bekenntnis zur Energiewende in Richtung erneuerbarer und nachhaltiger Energieformen. Wir orientieren uns für das Jahr 2030 an der bisher höchsten formulierten Ausbaumenge. Diese wurde vom damals amtierenden Bundeskanzler Kern mit 13 GW_p festgelegt.

4. Was halten Sie von mengenorientierten Fördersystemen, wie Ausschreibungen oder Quoten?

Mit Ausschreibung und Quotensystem wird erfahrungsgemäß kein zufriedenstellender Ausbau erreicht und haben dazu geführt, dass in einem ersten Schritt nur jene Technologien an ausgewählt günstigen Standorten errichtet wurden, während die anderen Technologien das Nachsehen hatten. Für eine funktionierende dezentrale Energieversorgung ist es wichtig, einerseits eine Technologievielfalt, andererseits eine optimale Verteilung der Kraftwerkskapazitäten über Österreich zu erhalten. Mit Ausschreibungen oder Quoten-Systemen wird dieses Ziel nicht erreicht.

Absurd ist jedenfalls auch eine gemeinsame Ausschreibung der Technologien, in der sich die Technologien gegenseitig kannibalisieren. Es braucht einen Mix an Erzeugungstechnologien, da die Sonne nicht immer Scheint und der Wind nicht immer weht. Die Vorteile der einzelnen Technologien müssen voll ausgeschöpft werden. Speicher müssen hier auch entsprechend unterstützt werden wenn, einerseits für Haushalte und Betriebe, andererseits aber auch für deren Beitrag zur Netzstabilisierung.

5. Was muss im ÖSG verankert sein, damit PV-Anlagenbetreiber einen Anreiz haben aktiv an der Netzstabilität mitzuwirken?

Es muss eine Gemeinsamkeit zwischen Netzbetreibern und PV-Anlagenbetreibern geben, die harmonisch gestaltet ist. Wichtig ist eine konsensuale Entwicklung.

6. Was halten Sie von steuerlichen Begünstigungen bzw. Sonderabschreibungen für PV-Anlagen?

Sie würden die Vorteile einer dezentralen sauberen Stromerzeugung anerkennen.

7. In welchen Bereichen wäre es möglich bürokratische Hürden und Auflagen zu reduzieren, um dadurch sowohl mehr Effizienz in der Abwicklung, als auch Klarheit bei den Anlagenbetreibern zu schaffen?

Eine Vereinheitlichung innerhalb der 9 Bundeländer für alle Auflagen ist dringend anzustreben. Für ein Konzept der Vereinfachung bedarf es einer gemeinsamen Erarbeitung von möglichst unbürokratischen und leicht nachvollziehbaren Vorgaben.

Hürden:

-Baugenehmigung, Betriebsanlagengenehmigung

-Vereinheitlich der Landeselwogs (Elektrizitätswirtschaftsorganisationsgesetz) – in Bundesländern verschiedene Werte.

-Abschaffung der Eigenverbrauchsabgabe

-Nutzungsmöglichkeiten für geeignete Freiflächen, die nicht im Wettbewerb mit der Nahrungsmittelproduktion stehen.

8. Sind Sie, ganz grundsätzlich betrachtet, für eine Änderung des Gesamtenergiesystems (z.B. CO2 Steuer) oder sind Sie für die Beibehaltung und Optimierung unseres jetzigen Systems?

Die kostenlose Nutzung natürlicher Ressourcen: Wasser, Luft und Boden gehört überwunden. Eine CO2 Steuer bzw. die Besteuerung von nicht nachhaltig wirkenden Substanzen ist dabei der wahrscheinlich effizienteste Weg. Bei gleichzeitiger Entlastung der Arbeit. Dies ist eines der wichtigsten Ziele im 21 Jhdt.

EXPERTE #5: DAS BUNDESMINISTERIUM FÜR WISSENSCHAFT, FORSCHUNG UND WIRTSCHAFT (BMWFW)

1. Wie ist aus Ihrer Sicht der Stand der aktuellen Entwicklungen im Hinblick auf die Photovoltaik und ihre Möglichkeiten?

Bezüglich Ihrer Frage darf ich Sie auf die kürzlich erschienene Publikation „Mehr Sonnenstrom für Österreich", welche die Neuerungen der „kleinen Ökostromnovelle" kompakt aufbereitet, verweisen. Diese habe ich dem Antwort-Mail angefügt.

Die Broschüre soll die seit Oktober 2017 geltende neue Rechtslage für PV- Anlagen und deren Förderung nach dem Ökostromgesetz einfach und anschaulich darstellen. Dabei geht es (1.) um die rechtlich erstmals ermöglichten gemeinschaftlichen Erzeugungsanlagen, (2.) um einen neuen Investitionsförderansatz für Photovoltaik-Anlagen in Kombination mit Stromspeichern sowie (3.) um neue Regelungen hinsichtlich der Eigenverbrauchsoptimierung.

2. Was wünschen Sie sich für das ÖSG und welche Eckpunkte müssen darin verankert sein, um die Photovoltaik besser ins erneuerbare Energiesystem integrieren zu können?

Hinsichtlich dieser Fragestellung verweise ich auf die Beantwortung der Frage 1 und die angestrebte „großen Ökostromnovelle" im Rahmen der „Integrierten Energie- und Klimastrategie" (sehen Sie auch die Antworten zu den Fragen 4 und 8).

3. Soll im ÖSG ein Mindestausbauziel bzw. ein jährliches Ausbauvolumen für Photovoltaik enthalten sein?

Im ÖSG 2012 idgF sind bereits unter § 4 Abs. 3 und 4 Ausbauziele auch für Photovoltaikanlagen enthalten.

4. Was halten Sie von mengenorientierten Fördersystemen, wie Ausschreibungen oder Quoten?

Die „kleine Ökostromnovelle" vom Sommer 2017 war nur ein erster Schritt zur Anpassungen des Ökostromförderregimes an die neuen Marktbedingungen. Überlegungen in Richtung Ausschreibungen bzw. Quoten sollen dann im Rahmen der angestrebten „großen Ökostromnovelle" angestellt werden. Dazu ist auch der europarechtliche Rahmen im Sinne der Beihilfeleitlinien maßgeblich. Dieser geht grundsätzlich von technologieneutralen Ausschreibesystematiken und einem Investitionsförderungs- bzw. einem Marktprämienmodell aus - es sei den ein MS begründet Abweichungen und deren Notwendigkeit explizit.

5. Was muss im ÖSG verankert sein, damit PV-Anlagenbetreiber einen Anreiz haben aktiv an der Netzstabilität mitzuwirken?

Durch das Ökostromförderregime gab es in den letzten Jahren einen enormen Zuwachs der in Österreich installierten erneuerbaren Erzeugungsleistung - auch an PV-Anlagen. Umso mehr bedarf es erhöhter Anstrengungen, um die Herstellung des Gleichgewichts zwischen Erzeugung und Verbrauch zu erreichen. Sowohl die Regelreserve, als auch die Ausgleichsenergie dienen physikalisch gesehen diesem Ziel, zur Erreichung dessen auch die PV-Anlagenbetreiber beitragen können.

6. Was halten Sie von steuerlichen Begünstigungen bzw. Sonderabschreibungen für PV-Anlagen?

Diese Fragestellung kann im Zuge der Erarbeitung der „Integrierten Energie- und Klimastrategie" - wie unter Punkt 8 ausgeführt - behandelt werden.

7. In welchen Bereichen wäre es möglich bürokratische Hürden und Auflagen zu reduzieren, um dadurch sowohl mehr Effizienz in der Abwicklung, als auch Klarheit bei den Anlagenbetreibern zu schaffen?

Bereits jetzt ist im Ökostromgesetz weitreichend dafür gesorgt, dass die Abwicklung der PV-Förderung möglichst rasch, transparent und effizient abläuft. Dazu werden in weiterer Folge auch die noch zu erlassenden Förderrichtlinien 2018 beitragen. Diese wurden - wie auch die übersendete Broschüre - in enger Abstimmung mit der Branche (Interessenvertretung PV Austria) erarbeitet bzw. abgestimmt.

8. Sind Sie, ganz grundsätzlich betrachtet, für eine Änderung des Gesamtenergiesystems (z.B. CO2 Steuer) oder sind Sie für die Beibehaltung und Optimierung unseres jetzigen Systems?

Ein Aufgabengebiet der neuen Bundesregierung wird die Erarbeitung bzw. Finalisierung einer „Integrierten Energie- und Klimastrategie" sein. An dieser Stelle kann den darin enthaltenen Schwerpunkten und konkreten Zielsetzungen aber noch nicht vorgegriffen werden.

EXPERTE #6: DIE ABWICKLUNGSSTELLE FÜR ÖKOSTROM

1. Wie ist aus Ihrer Sicht der Stand der aktuellen Entwicklungen im Hinblick auf die Photovoltaik und ihre Möglichkeiten?

Bezüglich Ihrer Frage darf ich Sie auf die kürzlich erschienene Publikation „Mehr Sonnenstrom für Österreich", welche die Neuerungen der „kleinen Ökostromnovelle" kompakt aufbereitet, verweisen. Diese habe ich dem Antwort-Mail angefügt.

Die Broschüre soll die seit Oktober 2017 geltende neue Rechtslage für PV- Anlagen und deren Förderung nach dem Ökostromgesetz einfach und anschaulich darstellen. Dabei geht es (1.) um die rechtlich erstmals ermöglichten gemeinschaftlichen Erzeugungsanlagen, (2.) um einen neuen Investitionsförderansatz für Photovoltaik-Anlagen in Kombination mit Stromspeichern sowie (3.) um neue Regelungen hinsichtlich der Eigenverbrauchsoptimierung.

2. Was wünschen Sie sich für das ÖSG und welche Eckpunkte müssen darin verankert sein, um die Photovoltaik besser ins erneuerbare Energiesystem integrieren zu können?

Hinsichtlich dieser Fragestellung verweise ich auf die Beantwortung der Frage 1 und die angestrebte „großen Ökostromnovelle" im Rahmen der „Integrierten Energie- und Klimastrategie" (sehen Sie auch die Antworten zu den Fragen 4 und 8).

3. Soll im ÖSG ein Mindestausbauziel bzw. ein jährliches Ausbauvolumen für Photovoltaik enthalten sein?

Im ÖSG 2012 idgF sind bereits unter § 4 Abs. 3 und 4 Ausbauziele auch für Photovoltaikanlagen enthalten.

4. Was halten Sie von mengenorientierten Fördersystemen, wie Ausschreibungen oder Quoten?

Die „kleine Ökostromnovelle" vom Sommer 2017 war nur ein erster Schritt zur Anpassungen des Ökostromförderregimes an die neuen Marktbedingungen. Überlegungen in Richtung Ausschreibungen bzw. Quoten sollen dann im Rahmen der angestrebten „großen Ökostromnovelle" angestellt werden. Dazu ist auch der europarechtliche Rahmen im Sinne der Beihilfeleitlinien maßgeblich. Dieser geht grundsätzlich von technologieneutralen Ausschreibesystematiken und einem Investitionsförderungs- bzw. einem Marktprämienmodell aus - es sei denn ein MS begründet Abweichungen und deren Notwendigkeit explizit.

5. Was muss im ÖSG verankert sein, damit PV-Anlagenbetreiber einen Anreiz haben aktiv an der Netzstabilität mitzuwirken?

Durch das Ökostromförderregime gab es in den letzten Jahren einen enormen Zuwachs der in Österreich installierten erneuerbaren Erzeugungsleistung - auch an PV-Anlagen. Umso mehr bedarf es erhöhter Anstrengungen, um die Herstellung des Gleichgewichts zwischen Erzeugung und Verbrauch zu erreichen. Sowohl die Regelreserve, als auch die Ausgleichsenergie dienen physikalisch gesehen diesem Ziel, zur Erreichung dessen auch die PV-Anlagenbetreiber beitragen können.

6. Was halten Sie von steuerlichen Begünstigungen bzw. Sonderabschreibungen für PV-Anlagen?

Diese Fragestellung kann im Zuge der Erarbeitung der „Integrierten Energie- und Klimastrategie" - wie unter Punkt 8 ausgeführt - behandelt werden.

7. **In welchen Bereichen wäre es möglich bürokratische Hürden und Auflagen zu reduzieren, um dadurch sowohl mehr Effizienz in der Abwicklung, als auch Klarheit bei den Anlagenbetreibern zu schaffen?**

Bereits jetzt ist im Ökostromgesetz weitreichend dafür gesorgt, dass die Abwicklung der PV-Förderung möglichst rasch, transparent und effizient abläuft. Dazu werden in weiterer Folge auch die noch zu erlassenden Förderrichtlinien 2018 beitragen. Diese wurden - wie auch die übersendete Broschüre - in enger Abstimmung mit der Branche (Interessenvertretung PV Austria) erarbeitet bzw. abgestimmt.

8. **Sind Sie, ganz grundsätzlich betrachtet, für eine Änderung des Gesamtenergiesystems (z.B. CO2 Steuer) oder sind Sie für die Beibehaltung und Optimierung unseres jetzigen Systems?**

Ein Aufgabengebiet der neuen Bundesregierung wird die Erarbeitung bzw. Finalisierung einer „Integrierten Energie- und Klimastrategie" sein. An dieser Stelle kann den darin enthaltenen Schwerpunkten und konkreten Zielsetzungen aber noch nicht vorgegriffen werden.

EXPERTE #7: EINE PERSON AUS EINER ÖSTERREICHISCHEN ENERGIEVERWALTUNGSBEHÖRDE

1. Wie ist aus Ihrer Sicht der Stand der aktuellen Entwicklungen im Hinblick auf die Photovoltaik und ihre Möglichkeiten?

Die PV etabliert sich soweit in der Eigenversorgung. Diese Nutzungsart ist auch wirtschaftlich sinnvollsten, da kaum oder sogar gar keine Förderung notwendig ist. Die direkte Nutzung vor Ort verstärkt auch die subjektive Wahrnehmung des Beitrages zur Energiewende.

Mit dem neuen § 16a ElWOG wird die Marktdurchdringung der PV noch einmal (zumindest theoretisch) gestärkt, da die Nutzung auch im urbanen Gebiet leichter möglich sein sollte. Inwieweit dieses Modell tatsächlich massentauglich ist, wird die Zukunft erst beweisen müssen.

2. Was wünschen Sie sich für das ÖSG und welche Eckpunkte müssen darin verankert sein, um die Photovoltaik besser ins erneuerbare Energiesystem integrieren zu können?

Grundsätzlich sollte festgehalten werden, was die Grundausrichtung der PV in Zukunft ist. Eigenverbrauch oder Volleinspeiser? Wenn der Fokus Eigenverbrauch ist, dann müsste die PV in einem ÖSG nicht mehr zwangsweise verankert sein. Denn dann ist fraglich, ob die PV kurz- bis mittelfristig überhaupt Förderungen braucht. Dann stellen sich eher andere Fragen: bedarf es Anreiz oder gezielte Maßnahmen, um den Anteil des Eigenverbrauches zu steigern. Darüber hinaus muss man sich allerdings auch der Diskussion stellen, inwieweit Eigenverbrauch dann tatsächlich auch mittel- bis langfristig von Steuern, Abgaben, Netzgebühren, Ökostromförderbeitrag befreit sein sollte. Eine massive Erhöhung des Eigenverbrauches wurde vielfach die Einnahmen zur Erhaltung des Systems (sowohl technisch als auch wirtschaftlich) untergraben. Gleichzeitig ist zu sagen, dass vor allem große Industriebetriebe ebenfalls eigenen Vorort Erzeugungsanlagen haben die diesen Umstand ausnutzen.

Entscheidet man sich für einen weiteren verstärkten Ansatz der Volleinspeisung, dann gilt natürlich zu überlegen, ob dies nur für dachintegrierte Anlagen vollzogen wird, oder ob Freiflächenanlagen wieder vom ÖSG erfasst werden. Wahrscheinlich muss man im Fall einer Volleinspeisung noch weiter von einem Förderbedarf ausgehen, die Vergabe sollte aber auf jeden Fall marktbasiert erfolgen – siehe auch Frage 4.

3. Soll im ÖSG ein Mindestausbauziel bzw. ein jährliches Ausbauvolumen für Photovoltaik enthalten sein?

Ein fixiertes Volumen ist natürlich nur dann sinnvoll, wenn man es etwa an einen Ausschreibungsmechanismus knüpft. Die bisherige Vorgehensweise eines fixen Kontingents und eines Ausbauzieles ist jedoch als Irrtum zu bezeichnen, da es dabei zu Zielkonflikten kommen kann.

Entsprechend der Frage 2 ist aber ohnehin in Frage zu stellen, ob PV noch längerfristig Teil eines Ökostromgesetzes sein sollte.

Gerade bei der PV und deren Massentauglichkeit könnte man den Ausbau und die Entwicklung dem Markt überlassen.

4. Was halten Sie von mengenorientierten Fördersystemen, wie Ausschreibungen oder Quoten?

Wie in Frage 2 schon angeführt: sollte Volleinspeisung von PV-Anlagen weiter im Fokus sein, dann sollte die Vergabe der Förderung auf jeden Fall marktbasiert erfolgen. Eine Ausschreibung ist schlichtweg unumgänglich – alleine schon auf Basis der (gegenwärtigen und zukünftigen) europäischen Vorgaben. In Deutschland hat es bekanntlich schon mehrere Runden der Ausschreibung gegeben, die immer zu positiven Ergebnissen geführt haben – der Förderbedarf ist gesunken und die Realisierungsrate der Anlagen war hoch. Aufgrund der europäischen Erfahrungen gibt es keinen ersichtlichen Grund, warum es bei PV in Österreich nicht zur Ausschreibung kommen sollte. Man könnte nach einer gewissen „Lernphase" die PV auch in technologieübergreifende Ausschreibungen einbinden. Quoten werden weitaus kritischer betrachtet da es in diesem Bereich nur sehr wenige positive Beispiele gibt. Hinsichtlich eines Quotenmodells wäre wohl das Gesamtsystem (Potentiale, Ziele, geförderte Technologien) entscheidend.

5. Was muss im ÖSG verankert sein, damit PV-Anlagenbetreiber einen Anreiz haben aktiv an der Netzstabilität mitzuwirken?

Die Vergabe von etwaigen Förderungen kann natürlich an zusätzliche Anforderungen geknüpft werden. Gerade im Bereich der PV, wo der Förderbedarf jedoch kurzfristig zurückgehen bzw. sogar enden sollte, müssten derartige Anreize eher marktbasiert zustande kommen. Unter einem ÖSG mit fixen Einspeisetarifen besteht kein Potential für Anreize auf Ebene der Anlagenbetreiber, um aktiv an der Netzstabilität mitzuwirken.

6. Was halten Sie von steuerlichen Begünstigungen bzw. Sonderabschreibungen für PV-Anlagen?

Absolut negativ. Wenn es weiter Förderungen gibt (egal ob Investitionsförderungen oder Einspeisetarife) bedarf es keinerlei zusätzlicher Anreizsetzungen. Jegliche weitere Form der direkten oder indirekten Förderungen ist volkswirtschaftlich massiv kontraproduktiv.

7. In welchen Bereichen wäre es möglich bürokratische Hürden und Auflagen zu reduzieren, um dadurch sowohl mehr Effizienz in der Abwicklung, als auch Klarheit bei den Anlagenbetreibern zu schaffen?

Es gibt aktuell keinerlei ersichtliche bürokratische Hürden. Mit dem Wegfall des Ökostrombescheides reicht ohnehin ein Netzzugangsvertrag, auf den man aus verschiedenen Blickwinkeln nicht verzichten kann.

8. Sind Sie, ganz grundsätzlich betrachtet, für eine Änderung des Gesamtenergiesystems (z.B. CO2 Steuer) oder sind Sie für die Beibehaltung und Optimierung unseres jetzigen Systems?

Grundsätzlich ist das aus meiner Sicht eine Entweder-Oder-Frage und sehr leicht zu beantworten. „Ja" zu einer CO2-Steuer, wenn ansonsten alle anderen Förderungen wegfallen. Dabei sollten sich dann die Erneuerbaren am Markt durchsetzen können. Jegliche zusätzliche direkte Förderung wäre volkswirtschaftlich massiv kontraproduktiv.

EXPERTE #8: EINE PERSON AUS EINER ÖSTERREICHISCHEN ENERGIEVERWALTUNGSBEHÖRDE

1. **Wie ist aus Ihrer Sicht der Stand der aktuellen Entwicklungen im Hinblick auf die Photovoltaik und ihre Möglichkeiten?**

- *Aktueller Status: Riesenschwelle mittlerweile übersprungen, die Photovoltaik wäre mittlerweile ohne Förderung schon wirtschaftlich → riesiges Wachstumspotenzial. Interessantester Energieträger.*
- *Zusätzlich zum wirtschaftlichen Erfolg stört der Bau niemanden, wie das bei anderen Energieträgern der Fall ist.*
- *Werden auch schon gebaut ohne Förderung, Förderung nicht mehr nötig*

2. **Was wünschen Sie sich für das ÖSG und welche Eckpunkte müssen darin verankert sein, um die Photovoltaik besser ins erneuerbare Energiesystem integrieren zu können?**

- *Im Prinzip müsste nichts gemacht werden, weil der Fortschritt der PV unaufhaltbar.*
- *Was kann man machen? Neue Förderungen oder Fördersysteme zu integrieren bringt wenig. → nur viel Administration, Fördervorschriften, … → typisch österreichischer Ansatz: Wir brauchen für alles Geld, an bestehenden Systemen festhalten.*
- *Viel interessanter als Förderungen und dadurch auch als Geld, wäre es, die bürokratischen Hürden zu reduzieren. Die Behördenwege abzuwickeln dauert in der Praxis oft sechs Monate, der Bau der Anlage dann einen bis wenige Tage. → Bsp für Schwachsinnigkeiten des bürokratischen Aufwands: Ökostromanlagenbescheid riesen Problem: Für jede PV-Anlage ewig lange Bescheideinholung: Bsp Nö.*
- *Der größte Stein im Weg ist der Hass und die Angst von den Bestehenden etablierten Energiebetreibern: Entwicklung der PV ist mittlerweile hervorragend. Daher das Ziel der Konventionellen Betreiber die PV unrentabel zu machen → Die einzige Möglichkeit wie das noch machbar ist und gemacht wird ist, die Fixkosten massiv zu erhöhen, damit die variablen Kosten massiv heruntergehen. So werden Stromrechnungen mittlerweile umgebaut um, die PV möglichst unattraktiv zu machen, denn dadurch fällt der Preis/kWh weg. (Von Cornelia nochmal erklären lassen?). Von diesem Vorgehen der Konventionellen weiß jedoch fast niemand und es ist auch wenig bis gar nichts dazu in den Medien zu erfahren.*

  Stromrechnung umbauen, dass fast alles Fixkosten → Variabler Stromkostenanteil ganz niedrig gehalten, und Fixkosten ganz hoch. Anreize, damit sich Firmen Leistungskomponenten ersparen können.

3. **Soll im ÖSG ein Mindestausbauziel bzw. ein jährliches Ausbauvolumen für Photovoltaik enthalten sein?**

Nein, nicht nötig. Solche Vorgaben bringen auch nichts, siehe Pariser Klimaziele, etc.

4. **Was halten Sie von mengenorientierten Fördersystemen, wie Ausschreibungen oder Quoten?**

Völliger Schwachsinn. Es sind allgemein keine Förderungen mehr nötig. Volkswirtschaftlich machen Förderungen dann Sinn, wenn etwas Neues gestartet wird und an den Markt geht. Daher war eine Förderung der PV früher wichtig, jetzt nicht mehr. Eine Förderung soll nur die Initialzündung sein. Grund für die vielen Förderungen = Geld. Irre viele Ressourcen gehen allein an den Förderstellen mit „hunderten" Mitarbeitern verloren. Oft Parteilobbying, da in Förderstellen Parteimitglieder der Regierenden sitzen. Das ist auch der Grund, weshalb die Politik ein so hohes Interesse an Förderungen hat, weil sie so auch Parteikollegen, die oft vom Thema Energie wenig wissen, leicht gutbezahlte Jobs verschaffen können.

In Bezug auf die Ausschreibungen: Deutschland zu viele Förderungen vergeben, wodurch sie jetzt nicht mehr so viel Potenzial haben, wie wir.

5. Was muss im ÖSG verankert sein, damit PV-Anlagenbetreiber einen Anreiz haben aktiv an der Netzstabilität mitzuwirken?

Es ist nicht sinnvoll PV-Anlagen so zu steuern wie Gaskraftwerke. Es gibt ja neben Standardkraftwerken extra Reservekraftwerke, die für die Aufrechterhaltung der Netzstabilität vorhanden sind. Diese Diskussion ist für die PV sinnvoll, wenn sie in 15 Jahren geführt wird. Mengenmäßig hat die PV derweil einen zu kleinen Anteil, damit dieses Thema relevant ist. Die einzige Ausnahme wäre zB. bei ganz großen Kraftwerken >200 kW_p. Hier könnte überlegt werden ob eine Implementierung für eine bestimmte Anlagengröße sinnvoll ist.

6. Was halten Sie von steuerlichen Begünstigungen bzw. Sonderabschreibungen für PV-Anlagen?

Gar nichts. Sie stellen nur riesige bürokratische Hürden dar und sind nicht nötig.

7. In welchen Bereichen wäre es möglich bürokratische Hürden und Auflagen zu reduzieren, um dadurch sowohl mehr Effizienz in der Abwicklung, als auch Klarheit bei den Anlagenbetreibern zu schaffen?

Das ist der wichtigste Punkt für die erfolgreiche Integration der Photovoltaik ins erneuerbare Energie System. Förderungen sind nötig, es könnten durch die Reduktion von behördlichen Hürden enorme Kosteneinsparungen erreicht werden.

Konkrete Punkte wären:

- *Bei Gemeinden nur mehr Anzeigepflicht zB. durch E-Mail → bei manchen Gemeinden ist das schon Gang und Gebe und bei anderen müssen noch immer ewig lange Bescheide vergeben werden, die nur Ressourcen verbrauchen. Hier gehört eine einheitliche Regelung her, um möglichst wenig Aufwand darzustellen.*
- *Das Land und der Bund sollten prinzipiell keinen Einfluss mehr auf die PV haben. Alles auf Ebene der Gemeinde leicht regelbar. Das einzige Wichtige ist die Absprache mit Netzbetreiber. Ausnahme wäre bei Riesenprojekten, wie bspw. Bei 1 MW_p Anlagen.*
- *Die R11 abschaffen. Diese Norm gibt die feuerrechtlichen Bestimmungen für PV-Anlagen vor. Aufwand und Wirkung stehen hier in keinem Verhältnis. Lässt sich deutlich vereinfachen und somit einiges an Ressourcen sparen. Wie oft fängt eine PV-Anlage in Österreich Feuer?*
- *Wie vorher schon gesagt: Ökostromanlagenbescheid und Sonstige zeitverzögernde Dinge verkürzen. Eine halbe A4 Seite genügt, statt 2 Bescheiden zu je 20+ Seiten.*

8. Sind Sie, ganz grundsätzlich betrachtet, für eine Änderung des Gesamtenergiesystems (z.B. CO2 Steuer) oder sind Sie für die Beibehaltung und Optimierung unseres jetzigen Systems?

Ja! Rein volkswirtschaftlich gesehen wäre das eine extrem sinnvolle Vorgehensweise. Denn jede Steuer bewirkt etwas, da sie Leute zu etwas treibt. Jedoch sollte man als Staat die Sachen besteuern die man nicht haben will und nicht Dinge wie Arbeit, die man ja haben möchte.

Eine CO2-Steuer wäre hier noch die kompliziertere Variante. Aber einfach eine Steuer auf Strom, auf Gas und auf Öl, die die Preise bspw. Verdoppelt würde zu einem besseren Umgang mit diesen Ressourcen führen. Im Gegenzug könnte man dadurch dann natürlich auch anderen Steuern, wie die auf Arbeit, senken.